HAIYANG
DONGWU

李玉光 ◎ 顾 问

崔晓东 赵盛龙 姚财世 ◎ 著

海洋动物

大连理工大学出版社
Dalian University of Technology Press

图书在版编目(CIP)数据

海洋动物/崔晓东，赵盛龙，姚财世著. — 大连：大连理工大学出版社，2021.11
ISBN 978-7-5685-2970-9

Ⅰ.①海… Ⅱ.①崔… ②赵… ③姚… Ⅲ.①水生动物—海洋生物—普及读物 Ⅳ.①Q958.885.3-49

中国版本图书馆 CIP 数据核字(2021)第 051448 号

大连理工大学出版社出版

地址：大连市软件园路 80 号   邮政编码：116023
发行：0411-84708842   邮购：0411-84708943   传真：0411-84701466
E-mail:dutp@dutp.cn   URL:http://dutp.dlut.edu.cn
大连图腾彩色印刷有限公司印刷   大连理工大学出版社发行

幅面尺寸:185mm×260mm   印张:15   字数:344千字
2021 年 11 月第 1 版   2021 年 11 月第 1 次印刷

责任编辑:邵 婉 朱诗宇   责任校对:齐 悦
装帧设计:奇景创意

ISBN 978-7-5685-2970-9   定 价:198.00 元

本书如有印装质量问题,请与我社发行部联系更换。

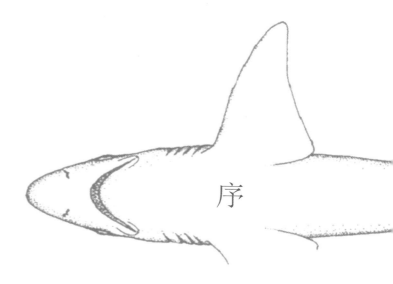

序

　　海洋是生命的摇篮，她创造了生命，哺育了生命。海洋面积占地球面积的71%，体积占生物圈的95%。海洋生物是全球生物多样性的主要组成部分。根据WoRMS和联合国粮食及农业组织统计，截至2021年6月，全球已记录的各类海洋生物多达239 000余种，其中海洋动物204 400余种，且每年能为人类贡献约8 000万吨高蛋白富营养的海洋食品。

　　从7 000多年前有"贝丘遗址"佐证的新石器时代算起，海洋一直陪伴着人类的生存、繁衍和发展。

　　海洋生物，也不仅仅只供人类果腹充饥。

　　海洋动物遍布近海到远洋，海面到深渊，小如电镜、显微镜下的有孔虫、放射虫类，大到肉眼可见、张牙舞爪的虾、蟹，千姿百态的鱼类，情趣盎然的海豚，甚至地球上的巨无霸——蓝鲸，虽然个体大小差异极大，然细细观之，其造型之精美，增之一分则嫌长，减之一分则嫌短，无愧为天工造物，大自然的杰作。若论生计、繁衍之"智慧"，就连缺少"运动"器官、看似憨态的贝类，也能凭借其艳丽的体色、"巧夺天工"的造型，巧妙地诱敌、捕食、避害，如此世代传承的智慧与举止，无论是"不动声色"，还是"惊心动魄"，不仅能深深地吸引眼球，令人感慨，更给人以美的享受和智慧的启迪。

　　本书汇集了国内外的研究成果，用词精确，语言通俗，图文并茂，科学、规范、系统地讲述了各类海洋动物的故事，不失为一本海洋类科普的上好读物。本书的出版，将填补当今海洋科普中的许多"短项"，为各博物馆、研究所、海洋科普教育基地在海洋研学、普及海洋生物知识方面提供可见的帮助。

李庆奎

天津自然博物馆原副馆长、研究员

2021年9月

CONTENTS 目录

1 原生动物
Protozoa

动物界中最原始、最低等的动物当属原生动物，它们是一类单细胞的生物，不借助各类显微镜，甚至电镜，肉眼难得一见。但别看它们个体微小，在自然界中却拥有庞大的数量，可以说它们是动物界赖以存续的基础。

原生动物通常以单细胞形式存在，也有由各自独立的几个单细胞组成的临时性群体。从形式和结构上看，这种单细胞与多细胞动物体中的一个细胞很相似，但令人称奇的是它的一个细胞就是一个完整的生命体、一个物种，它能借助细胞质特化而成的各种细胞器（Organelles），完成类似于多细胞动物的营养、呼吸、排泄、生殖和对外刺激反应。

原生动物的种类很多，现已发现的约有3万种，大部分营自由生活，有些营寄生生活。分布也很广，海洋、湖沼、池塘、土壤、溪流以及动植物体中都有它的踪迹。最经典的要数草履虫和有孔虫。

1.1 草履虫

草履虫个体微小，一般长80～300 μm，因外形酷似草履而得名。身体结构比较简单，体表包有一层膜，称为细胞质膜，膜上密生的纤毛是它在水里的运动器官。细胞质膜可用于呼吸，即进行对外气体交换。体内有一大一小两个细胞核，大核负责营养与代谢，小核负责生殖。伸缩泡用于调节渗透压。体的一侧有一条凹入的小沟，称"口沟"，相当于高等动物的"口"，沟内密具纤毛。当草履虫在水中遇到细菌或有机碎屑等合适食物时，先是运送至围口部，然后再进入细胞质，并将其包裹，形成食物泡。食物泡随细胞质的流动在体内移动，移动过程中，食物泡内的食物被逐渐消化和吸收，不能消化的残渣则由身体后侧的肛孔排出体外。

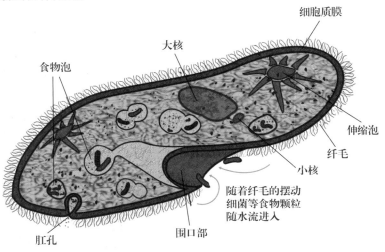

大草履虫 *Paramecium candatum* 外形及内部结构

1.2　有孔虫

　　有孔虫种类也很多，个体微小，大小近似于海边的一粒细砂，身体的直径大多不足1 mm，形态各异，有瓶状、螺旋状、透镜状等。大多数都有一层由矿物质形成的具孔的硬壳，细胞质可通过这些"孔"伸出壳外，呈针状、根状或丝状，习惯称其为"伪足"。"伪足"的功能主要是运动、捕食、消化食物、清除废物和分泌外壳等。

　　现生有孔虫约有6 000种，大多数营底栖生活，仅少数种类营浮游生活。营浮游生活的有孔虫除少数生活在咸淡水或淡水中外，大多数生活在海洋，自潮间带至深海盆地均有分布，且种群数量很大，它们死亡后大量钙质外壳会沉积在海底，形成有孔虫软泥，尤其是其中的球房虫科的种类。据报道，太平洋36%、大西洋65%、印度洋54%的洋底都覆盖着厚厚的球房虫软泥（Globigerina Ooze）。

　　有孔虫是一种古老的动物，各个地质时期的有孔虫，种类演化明显，形成的化石种类很多，而且都保存较好，因此常被用作确定地质年代的标准化石和古沉积环境的指相化石，有"地质岩石的缔造者"之称。

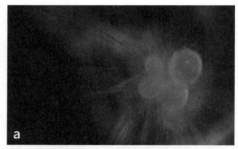

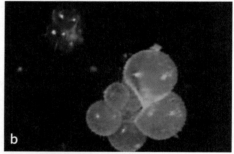

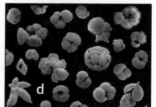

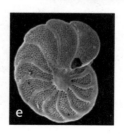

有孔虫外形
a. & **b**. 显微镜下的活体形态
c. & **d**. & **e**. 电镜下的外壳形态

2 海绵动物

Spongia

海绵在日常生活中应用很广，但这些都是人造海绵，真正的海绵是一类水生动物，外观软软胖胖，体色艳丽，体表布满了小孔，故也称多孔动物。

海绵动物主要分布于海洋，营固着生活，有单体，也有群体，属于最原始的一类后生动物，它们的身体还没有出现组织（Tissue）或器官（Organ），近似于一个"多细胞"的群体，至少在摄食、营养等方面，各细胞还保持着相对的独立性，只是各细胞对整个生命体来说，已有了明确的分工。

大多数海绵动物外形呈球囊状、壶状、团块状，也有呈扇片状甚至树枝状的，体壁由两层不同功能的细胞构成，中间有由一些分散或笼状的钙质或几丁质骨针构成的骨架。内壁围绕着一个大的中央腔，中央腔有出水口与外界相通，体壁上有许多小孔，或直接或弯弯曲曲连接外界与中央腔。

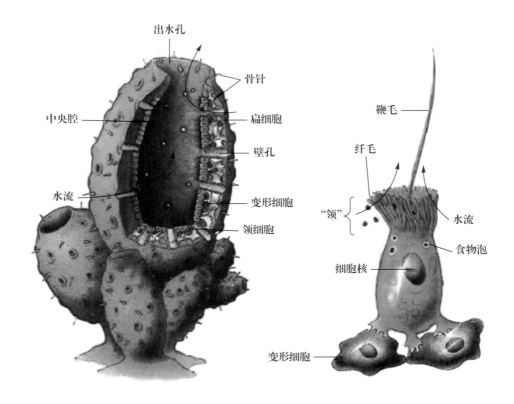

海绵动物的模型结构

海绵动物的取食方式很奇特。它的体内有一台"泵"，能使水流在体内缓缓流动。"泵"的启动机关是领细胞顶部的鞭毛，这些鞭毛的整齐摆动，使流入中央腔的海水缓缓地经出水孔排出体外，而外界的海水又从体表小孔流入补充，如此不断循环。一些可口的食物微粒，随着水流，通过小孔进入中央腔，然后被领细胞"颈部"的微纤毛截留，再供各细胞消化吸收。

现有记载的海绵动物约有5 000种，由于其外形多样、色泽各异，人们一直把它误认为是植物。直到1825年，借助显微镜及生理学、胚胎学的研究发现，才知道它是动物。

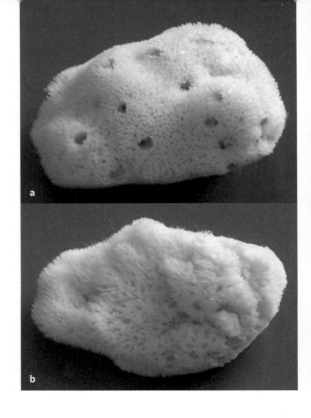

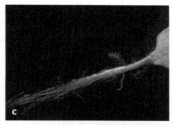

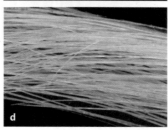

海绵动物的实用价值不大，最常见的沐浴海绵*Spongia officinalis*，外形与现今人造海绵相似，因其内含角质或石灰质的骨针，"沐浴"徒有虚名，以前常用于擦拭老式的枪炮。有些种类长得像"拂尘"，用得最多的是拂子介*Hyalonema sp.*，它的骨针为细长硅质丝，可编织成各种阻燃织物。

应用海绵
a. & b. 沐浴海绵 *Spongia officinalis*
c. 拂子介 *Hyalonema sp.*
d. 拂子介骨针
e. 骨针织物

有些海绵动物对海洋生态环境的影响也可谓不小，如穿贝海绵Cliona sp.，这类海绵的种类虽然不多，但分布很广，常以贝壳或其他含钙物体为生存基质，钻入贝壳的海绵动物还会向纵横方向扩展，先是将贝壳"凿"成许多大小不同的孔、室，并随着海绵动物的生长，这些孔、室会逐渐连通成一片，最后可将整个贝壳掏空。

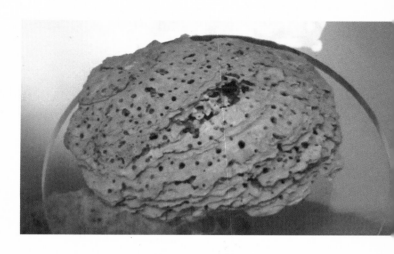

隐居穿孔海绵 *Cliona celata*

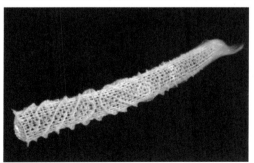

偕老同穴 *Euplectella sp.*

有一种海绵动物被称为偕老同穴*Euplectella sp.*，它还有一个动人的故事，被传为爱情绝唱。

偕老同穴的钙质骨针呈网笼状，经适当漂白处理的"网笼"，精美绝伦，素有"女神维纳斯的花篮"之称。活体偕老同穴的中央腔，是一些小动物温馨的栖所。传说有一对"青梅竹马"的风雅俪虾，打小结对进入偕老同穴的中央腔，宽大、舒适、安全的空间，加上有丰富的食料，这对俪虾"谈情说爱，乐不思蜀"。随着个体的长大，因原来的通道孔径太小，它们已出不去了。虽心有不甘，但也只能作罢，最后双双老死在中央腔内。

早期日本北海道的渔民，常将偕老同穴制作成标本，配上精美的礼盒，在婚礼喜庆时赠送给新婚夫妇，意喻能"白头到老"。当地恋爱中的年轻人，也有将它作为爱情信物赠送的习惯。

许多海绵动物常与珊瑚混栖，初看时两者不易区别。其一，凡海绵动物，不管形态如何变化，都有一个膨大的中央腔及"出水孔"，而珊瑚没有；其二，海绵动物虽有骨针或骨架，但外形柔软，多少能被切割；其三，海绵动物很"轻"，远不如珊瑚沉。凭这三点，两者就不难区别了。

　　活体海绵动物除了色彩，外形也千姿百态。

千姿百态的海绵动物

a. *Petrosia lignose*；**b**. *Xestospongia Muta*；**c**. *Clathrina canariensis*；**d**. *Haliclona sp.*；**e**. *Haliclona sp.*；
f. *Hyalonema sp.*；**g**. *Xestospongia testudinaria*；**h**. *Hyalonema sp.*；**i**. 皮海绵 *Suberites sp.*；**j**. 蜂海绵 *Haliclona sp.*；
k. 扁海绵 *Phakellia sp.*；**l**. 棘头海绵 *Acanthella sp.*；**m**. 樽海绵 *Scypha sp.*；**n**. 泡沫海绵 *Aphrocallistes sp.*

3 刺胞动物
Cnidaria

刺胞动物以前也称腔肠动物，包括水母、水螅水母以及海葵与珊瑚等。

水母在西方国家被称为Jellyfish，个别种类在国内也被称为鱼，如桃花鱼，其实水母比鱼类要原始得多，连口与肛门都没有分化。

3.1　水母

水母的外形像一把透明的伞，"伞柄"的末端本应为口，不过它与肛门"合署办公"了，"进出口"合用一个开孔。在伞缘部位通常会长有很多的触手，看似风铃，其实大部分捕食或自卫的"暗器"都由此发出。不同的水母个体大小相差很大，沿岸直接可见到的水母其伞状体的直径通常在100～300 mm，最大的水母如霞水母则可达2 m，称得上是"巨伞"了，从伞缘发出的触手更长达20～30 m。但绝大部分的水母个体都很小，甚至需要在放大镜下才能观看。

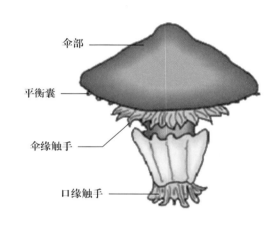

伞部
平衡囊
伞缘触手
口缘触手

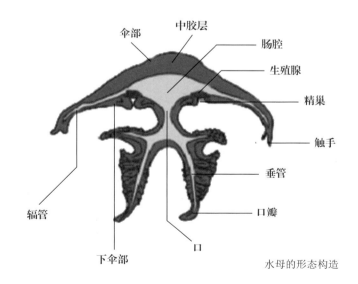

伞部　中胶层
肠腔
生殖腺
精巢
触手
垂管
口瓣
辐管
下伞部
口

水母的形态构造

我们平时总觉得水母很可爱，它们不仅奇形怪状，而且一配上各色灯光，就变五颜六色的了，在水中翩翩起舞，像一幅移动的画卷。

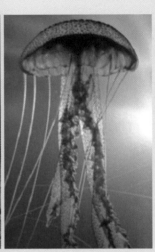

水母飘逸、优美的泳姿

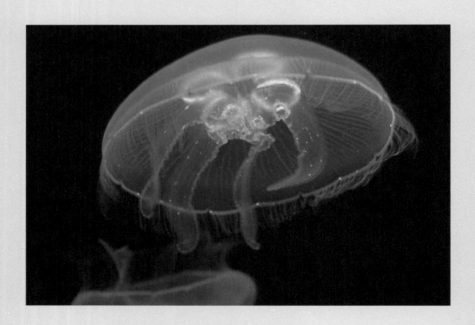

海月水母 *Aurelia aurita*

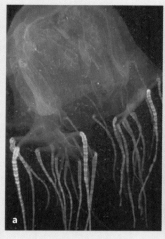

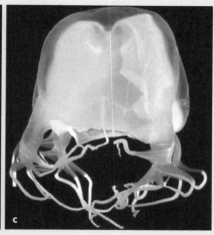

毒水母
a. & **b**. 海黄蜂 *Chironex fleckeri*；**c**. 曳水母 *Chiropsalmus sp.*

但你可能有所不知，大多数的水母体内有刺细胞或黏细胞，这是它们的捕食或自卫武器，有些毒性还很强。人一旦被蜇，轻者奇痒，重者红肿、疼痛，甚至有生命之危。分布于澳大利亚昆士兰州沿海的一些箱水母，如海黄蜂*Chironex fleckeri*、曳水母*Chiropsalmus sp.*，个体不大，伞径也只有120 mm大小，但其刺细胞的毒性很强，人被蜇后几分钟内就可能丧命。据统计，在这个海域，25年中被箱水母蜇后中毒身亡的约有60人，而同期死于鲨鱼之腹的却只有13人。为此，当地政府在这些箱水母经常出没的水域，常会立一些警示标志。

被水母蜇伤的皮肤

国外一些海滨浴场设置的危险警示牌

当然，绝大多数种类的水母没有这么可怕。常在海滨游泳的人，在水母多发季节，除了直接遇上水母，偶尔也会被弥散在海水中的刺细胞所蜇伤，严重时也会突然感到前胸、后背或四肢一阵刺痛、瘙痒，甚至局部红肿，但只要涂抹些食用醋或明矾水，过几天即能消肿止痛。

　　水母除了其刺细胞、黏细胞等的毒性，它还十分贪食，而且凶残。别看它缺乏游泳能力，只能随水流漂浮，但它会大量捕食鱼、虾、蟹等海洋经济种类的幼体以及这些幼体的饵料，如桡足类、箭虫、糠虾等，如此或间接或直接地成为海洋经济种类的天敌。霞水母等一些大型水母一旦爆发，还会危害沿海渔业设施。在国外，水母一直被视为海洋污损生物。

泛滥的水母

水母捕食

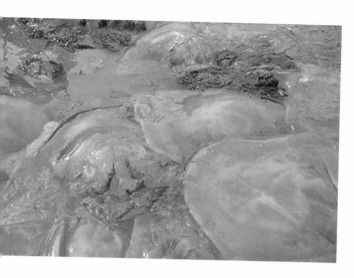

海蜇加工厂一角

水母也不是一无是处，至少有一种水母——海蜇，是我国传统的名贵海鲜。

海蜇为水母中的大型种类，其伞径可超过450 mm，最大的个体的直径能达1m，我们平时见到的"海蜇皮"其实就是海蜇的伞部，而"海蜇头"则为其腕部及口瓣。

古话说"海蜇水做，老酒糯米做"，海蜇的主要成分是水，新鲜的海蜇必须经过食盐、明矾腌制，浸渍去毒，滤去水分，方可食用。

加工后的海蜇不仅口感清爽，还可入药。《医林纂要探源》言其"补心益肺，滋阴化痰，去结核，行邪湿，解酒醒渴，止咳除烦"。《归砚录》中也称"海蜇，妙药也。宣气化瘀，消痰行食而不伤正气"。

有趣的是，水母没有眼睛和耳朵，但感觉却超级灵敏。研究发现，水母伞缘的触手之间有一个个小球，也称平衡囊，里面有一颗"听石"，相当于水母的"耳朵"，"听石"能感受海浪和空气摩擦而产生的次声波，然后再刺激周围的神经感受器。除此之外，一些大型水母还有一套感觉"神器"，它习惯与水母虾、天竺鲷、玉鲳等共生，利用这些生物来充当"耳目"。一遇敌害，这些"站岗放哨"者就跳入水母口中或离开，水母马上收缩伞部潜入深水，避开强敌。古人很早就发现了这个秘密。晋代张华《博物志》中曾描述："东海有物，状如凝血，从广数尺，方圆众虾附之，随其东西，可以食用。"

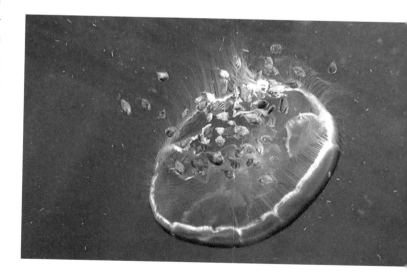

与水母共生的玉鲳

3.2 海葵

在刺胞动物这个家族中，最常见的还有珊瑚虫纲中营固着生活的海葵与珊瑚。

海洋中海葵有1 000多种，主要生活在沿海岩礁缝或水沼中。体柔软，无骨骼，肉质饱满，色彩斑斓，生活时，触手向外伸展，因其外形与陆地上的向日葵相似而得名。海葵一旦受到惊吓或触碰，会向外喷出一股水流，并缩成奶头状，在南方沿海地区也被称为"石奶"。

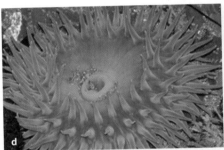

美丽的海葵

a. 角海葵 *Cerianthus sp.*

b. 纵条肌海葵 *Haliplanella lineate*

c. *Anthothoe albocincta*

d. 黄海葵 *Anthopleura xanthogrammica*

e. *Hormathia lacunifera*

f. *Artemidactis victrix*

海葵捕食

海葵看上去好似一朵柔弱的鲜花，尤其是细长的触手全部伸张时，让人倍感美丽，似在向那些好奇心盛的过客频频招手。其实它的触手上布满刺细胞，这些刺细胞能分泌一种毒液，可瞬间麻痹一些鱼、虾、蟹等小型动物。不仅如此，通过进一步研究发现，海葵的触手上还长满了倒刺，这种倒刺能够刺穿猎物的肉体，从而使刺丝胞近距离发挥作用。

海葵以其刺细胞作为自卫或捕食利器。对其周围的一些小鱼、小虾及其他小动物来说，刺细胞算得上是一种可怕的致命武器；然而相对于"超大型"的人类来说，这些毒性就微不足道了。故在南方沿海，自古有食用"石奶"的习惯，且将其推崇为不可多得的海鲜。

海葵并非对所有的鱼类都会施以毒手。我国南方沿海有一类双锯鱼，喜欢与海葵共栖，它们可随意穿梭于海葵的触手间，为神秘的海底世界增添不少生气，犹如马戏团中的小丑，因此双锯鱼又有"小丑鱼"之俗称。

研究发现，这些"小丑鱼"的身上有一种特殊的体液，凭借这种体液可抵御海葵毒素，类似于一张特殊的"通行证"，并使海葵与"小丑鱼"之间形成一种共生互利关系，即海葵通过"小丑鱼"引来其他鱼类，以便近距离捕食，"小丑鱼"的"残羹冷饭"也可作为海葵的干粮，而海葵也为"小丑鱼"提供躲避敌害的场所，尤其是"小丑鱼"的卵和幼鱼更是离不开海葵，如此往来，各得其所。

穿梭于海葵丛中的"小丑鱼"

3.3 珊瑚

我们平常所说的珊瑚，一般是指珊瑚虫死亡以后留下的石灰质骨骼。

珊瑚虫的基本结构与海葵类似，但个体微小，习惯称其为"个员"，每一个员外围包有一层由虫体自行分泌的石灰质壳。珊瑚虫以群体生活为主，群体内的各个员看似独立，但各自的骨架结合在一起，内部还有一特殊的"管道"，使各自的消化循环腔通过微小的管道连在一起，也即享有一个共用的"胃"，以此构成"多细胞"的生命体。随着生命的延续，新生的珊瑚虫在其祖先的"骨骼"上继续生长、繁殖，如此前赴后继，使群体骨架不断扩大，从而形成形状万千、生命力巨大、色彩斑斓的珊瑚礁。

珊瑚虫（Coral polyps）

不同种类的珊瑚虫个体大小不同，形成的珊瑚密度也不同。珊瑚虫个体越小，形成的珊瑚质地越致密，如红珊瑚；而个体粗壮的珊瑚虫形成的珊瑚相对粗松，如笙珊瑚等。珊瑚虫的生长方式影响珊瑚的外观，有些呈树枝状，如红珊瑚；有些则呈鹿角状、脑状，如鹿角珊瑚、脑珊瑚等。

　　能造礁的珊瑚虫全球有500多种，一般都生活在水深在50 m以内的热带浅海水域。

常见珊瑚

a. 谷鹿角珊瑚 *Acropora cerealis*；**b**. 笙珊瑚 *Tubiporan musica*；**c**. 叶状蔷薇珊瑚 *Montipora foliosa*；
d. 石芝珊瑚 *Fungia fungites*；**e**. 方格鹿角珊瑚 *Acropora clathrata*；**f**. 浪花鹿角珊瑚 *Acropora cytherea*；
g. 美丽鹿角珊瑚 *Acropora formosa*；**h**. 扁脑珊瑚 *Platygyra sp.*

在所有珊瑚中名气最大的要数日本红珊瑚Paracorallium japonicum和瘦长红珊瑚Corallium elatius。

日本红珊瑚俗称阿卡珊瑚，外形呈树枝状，各分枝均在一平面上，扁平扩展如扇。主干和分枝内部为一富含高镁碳酸钙的中轴，质地坚硬。主要分布于台湾海峡至日本小笠原群岛之间海域，栖息于水深180～300 m的海底。生长极为缓慢，通常7年以上的群体，其主干粗还不足1 cm。本种颜色呈牛血红，表层有玻璃质感，主要用来制造佛珠、项链及少量雕刻品，产量非常稀少。在各种红珊瑚中，本种的颜色最艳丽，价格也自然昂贵，有"珊瑚之王"之称，现为国家一级保护动物。

日本红珊瑚 *Paracorallium japonicum*

瘦长红珊瑚俗称粉红珊瑚、桃色珊瑚。群体呈淡红色、粉红色或白色，以淡红色和粉红色居多。分布于日本的伊豆诸岛、小笠原群岛、日本九州岛、五岛列岛以及韩国的济州岛，我国产于东海和南海，栖息于沿海深水岩底区，水深一般为150～330 m，也是我国一级保护动物。

瘦长红珊瑚 *Corallium elatius*

4 扁形动物
Platyhelminthes

扁形动物是海水、淡水、陆地及各种动物体内常见的一类小型动物，全世界目前已发现的种类有近20 000种。根据其形态结构、生活习性，通常分为涡虫纲、吸虫纲和绦虫纲3个纲。从生物进化来说，自扁形动物开始，出现了两侧对称的体制，并出现了三胚层和器官系统，这与辐射对称、二胚层的刺胞动物相比，有了很大的进化。

4.1 涡虫

涡虫纲（Turbellaria）的种类，俗称扁虫、涡虫，一般都背腹扁平，身体可明显区分为前、后、左、右及背、腹，体表颜色较暗。头部通常明显，两侧向外突出形成耳突（Auricles），头部前端具一对或多对眼。有的种类头部前端向前突出形成短小的触手，少数种类头部不明显，与身体的界限不易区分。口位于腹中线近体后，口后具生殖孔。

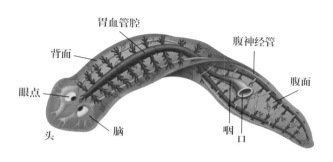

涡虫的模式体形与结构

涡虫类的体长大多在10～15 mm，如蛭态涡虫*Bdelloura*、平角涡虫*Planocera*等，仅个别种类体特别延长，呈带状，如陆生笋蛭涡虫*Bipalium*，最长可达60 cm。

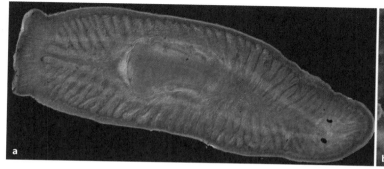

常见涡虫
a. 蛭态涡虫 *Bdelloura Bdelloura*；　**b**. 平角涡虫 *Planocera reticulata*

涡虫的捕食及消化很特别，海生涡虫大部分生活于水质清澈的沿海沙滩、石砾缝或海藻间，也有寄生在单齿螺等的壳内，以小型甲壳类、线虫、环节动物等的组织为食的。取食时先分泌黏液，缠绕并固定捕获物后，伸出咽，由咽腺分泌溶蛋白酶，先在体外部分消化后，再将食物吞食入管状咽，或用咽部吸食汁液。涡虫类没有肛门，不能消化的食物残渣仍由口排出体外。

涡虫还具很强的耐饥饿能力，有的可以数月甚至一年不取食而不致饿死，但虫体的体积明显缩小，甚至只有原来体积的1/300。在饥饿状态中，除神经系统外各器官也相继逐渐缩小，甚至消失，当动物重新获得食物之后，消失的器官又能很快得到恢复。

4.2　吸虫

吸虫纲（Trematoda）的种类统称吸虫（Fluker，Trematoda），全部营寄生生活，既有外寄生也有内寄生。体呈或长或短的卵圆形，背腹均扁平，前端稍尖，后端略钝，体长为0.15～70 mm，最大的特征是具有附着器官。根据其附着器官的特征及生活方式，习惯分为单殖吸虫、盾腹吸虫和复殖吸虫3类。

单殖吸虫的一端或两端具附着器，也称前吸器（Prhaptor）和后吸器（Opisthaptor），前吸器起虫体取食时吸着作用，同时起尺蠖式运动作用，后吸器通常为主要固着器，中央常有2～4个角质化的钩（Hooks）或锚（Anchors），边缘还有许多小钩，借此附着在寄主体表，如三代虫 Gyrodactylus、本尼登虫 Benedenia 等。

单殖吸虫绝大部分为外寄生虫，寄主以鱼为主，少数则为甲壳类、头足类及爬行类，主要寄生在鳃、皮肤、鳍以及与体外相通的口腔、鼻腔、膀胱内，极少数种类也可寄生在鱼的胃内。

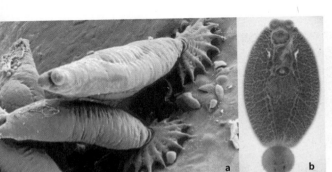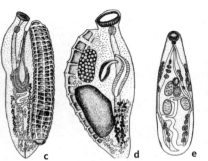

吸虫类常见种类

a. 三代虫 *Gyrodactylus sp*.；**b**. 本尼登虫 *Benedenia sp*.；**c**. 黑龙江盾腹吸虫 *Aspidogastrinae amurensis*；

d. 饭岛盾腹吸虫 *Aspidogastrinae ijima*；**e**. & **f**. 复殖吸虫 *Haematoloechus sp*.

盾腹吸虫的种类不多，无口吸盘（Oral Sucker），但身体腹面具有一个极大的腹吸盘，几乎占整个身体的腹面，吸附能力强大。主要寄生在软体动物体表，少数种寄生在鱼、海龟等脊椎动物的体表、消化系统及排泄系统。

复殖吸虫类的感觉器官退化，也无后固着器，但具吸盘。全部寄生于脊椎动物或软体动物体内，习惯以其寄生部位而命名，如血吸虫、肝吸虫、肺吸虫、肠吸虫等。

吸虫的生活史在不同的种类中其复杂程度不同。

单殖类吸虫的生活史中只有一个寄主，大部分种类为卵生，个别种类如三代虫为胎生。成虫产卵后直接发育成钩毛蚴虫，经一段时间的水中自由生活后，遇到合适的寄主，即脱去纤毛，发育成成虫。盾腹类吸虫的生活史需要更换寄主，生活史中也有一个特殊的幼虫阶段，称杯状蚴（Cotylocidium）。

复殖类吸虫的生活史极为复杂，幼体发育经过卵、毛蚴、包蚴、雷蚴、尾蚴、囊蚴等时期，且有童体生殖和更换多个寄主现象。除养殖鱼类外，自然野生鱼类也常被感染。

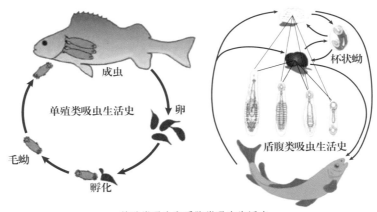

单殖类吸虫和盾腹类吸虫生活史

4.3 绦虫

绦虫类（Cestoda）的成虫多背腹扁平呈带状，白色不透明或略乳白色，体表具微毛（Microtriches），吸钩、吸槽、吸片、吸盘等附着器官全部集中在体前端，无口，消化道消失，感官退化。多数雌雄同体，具发达的生殖系统及强大的繁殖力，幼虫和成体全部营内寄生生活。

寄生于海洋鱼类肠道中的各种绦虫

5 纽形动物
Nemertinea

纽形动物外形细长如带，俗称带形蠕虫或缎带蠕虫(Ribbon Worms)，又因其肠管背方常具能外翻和充满液体的吻，也称吻蠕虫(Proboscis Worm)或吻腔动物(Rhynchocoel)。

与扁形动物一样，纽形动物也是体不分节、两侧对称、三胚层的无体腔动物，大多学者认为两者有密切的亲缘关系，但与扁形动物相比，纽形动物已有完整的消化道，即有口和肛门，体表具纤毛，适于爬行运动，绝大部分营自由生活。

全世界已发现纽虫约1 200种，绝大多数营海洋底栖自由生活，习见于潮间带岩石或石块下，尤其是海藻、珊瑚和其他固着动物(如苔藓、藤壶、贻贝、海绵)等基部丛中，也有些种类能自己分泌黏液，在沙、泥、石砾中形成穴管，或在多毛类、端足类的空穴中营管栖生活。少数种类可进入淡水生活，如小体纽虫Prostoma，或进入陆地生活，如地纽虫Geonemertes，也有极少数种类在软体动物及虾蟹的体表共生或寄生。

纽虫的生命力很强，一方面它有类似扁虫一样的很强的耐饥饿能力，另一方面还有特别的再生能力，它能以断裂的方式进行无性生殖。有人做过这样的实验，将一条10 cm长的纽虫体切成100小段，此后，每小段都又长成了一个完整的个体(不同种类的纽虫的再生能力不一定完全相同)。

海洋纽虫的体色多呈棕色、黄色、红色，或有橘黄、红或绿、黑的明亮斑条。体长因种类而异，相差极大，已知最小的体长仅几毫米，如生活于被囊类咽腔中的一种四眼纽虫Tetrastemma，大多数种类的体长在200 mm左右。在浅海栖居的一些脑纽虫Cerebratulus、纵沟纽虫Lineus，体长可达数米，甚至几十米，如产于欧洲的长纵沟纽虫Lineus longissimus，体长超过30 m。

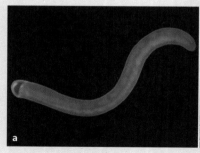

纽形动物 Nemertinea

a. 四眼纽虫 Tetrastemma sp.；**b.** 脑纽虫 Cerebratulus sp.；**c.** 长纵沟纽虫 Lineus longissimus

6 环节动物
Annelida

环节动物全球有9 000多种,主要包括多毛类的沙蚕、寡毛类的蚯蚓以及蛭类。其中寡毛类主要分布于陆地;蛭类俗称蚂蟥,分布于淡水;而沙蚕主要生活在海洋,只有少部分分布于淡水中。

环节动物主要特征是体明显分节,而且除了头节(围口节)、尾节(肛节)外,其余体节外形都一样,生物学上称同律分节。此外,各体节一般都有一对"附肢",由体表皮肤延伸而成,外附刚毛,称疣足,为沙蚕的运动器官,且具呼吸功能,外表毛茸茸的,故称多毛类,由于其外形酷似陆地上的蜈蚣,人们习惯称之为"海蜈蚣"。

海滩中常见的沙蚕

环节动物在生物进化史上具有举足轻重的地位。按达尔文的生物进化理论,在环节动物之前的动物,如海绵动物、腔肠动物等的身体都不分节,自环节动物才开始分节,因而可称为是动物进化的一个起点;此外,从环节动物开始出现了三胚层,而且环节动物的发生中出现了担轮幼虫,这种担轮幼虫与软体动物、星虫动物的担轮幼虫极为相似,因此被认为与软体动物、星虫动物有亲缘关系,即具有共同的起源。

环节动物的担轮幼虫(Trochophore Larva),呈陀螺状,中环具纤毛带,两端具刚毛,在水体中能不断旋转,几周以后身体慢慢拉长,然后再沉入水底发育为成虫。

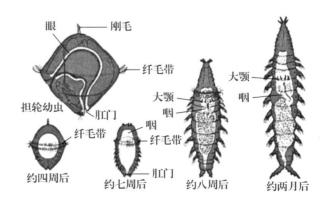

环节动物的发育

沙蚕的种类很多，主要栖息在潮间带泥沙底质中，通常掘成U字形穴而匿身其中，随潮水涨落而活动，昼伏夜出，摄食时会露出泥沙外面。成虫以动植物碎片和腐屑为饵，能有效利用污泥中的蛋白质。常见的大型种类如围沙蚕 *Perinereis*、刺沙蚕 *Neanthes* 等，体长可达100～200 mm。

常见沙蚕
a. 围沙蚕 *Perinereis sp.*；**b.** 刺沙蚕 *Neanthes sp.*

成体沙蚕营养丰富，是鱼虾嗜食的饵料，同时也是人们经常食用的海鲜品，浙江南部、福建、广东、广西沿海居民甚至国外都有食用沙蚕的习惯，且视生殖腺成熟的沙蚕为营养珍品，干制后，煮汤白如牛奶，味极鲜美，且浓度大，有"天然味精"之称。经油炸后酥松香脆，为下酒佳肴。

有些沙蚕的繁殖过程颇为奇特，在性成熟前，沙蚕多为雌雄异体，但无明显生殖系统，只有在性成熟时才形成生殖腺。而在性成熟过程中多数种类形态和体色会发生明显变化，此时的沙蚕个体称为异沙蚕体。一到繁殖季节的某天夜晚（通常是满月时），穴居于各地的异沙蚕体，便会不约而同地起浮，群游于海面，且雌雄相互追逐，出现壮观的"婚舞"场面。"婚舞"过后，雌雄个体一泻腹中的精卵，让其在海水中受精、发育，而自己则沉入海底，结束匆匆的一生。

沙蚕养殖

7 星虫动物、螠虫动物
Sipuncula、Echiura

星虫、螠虫动物的外形与环节动物相似，但体还未分节，以前也曾被统称为桥虫Gephyrea，是向体分节的真体腔动物过渡的一大类群。

星虫动物俗称沙虫，主要分布在我国东南沿海，体呈长筒形，长10～20 cm，很像一根肠子，体不分节，浑身光裸无毛（疣足）。体壁纵肌成束，与环肌交错排列，形成方块格子状花纹。

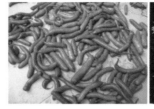

星虫动物外形与翻吻

星虫动物有一个与众不同的"翻吻"，平时深藏（缩入）于躯干部，捕食时则能伸出体外，类似一细长的"颈"，前端还具星芒状的叶瓣或触手，星虫由此得名。

星虫的分布很广，从极地到7 000 m的深海平原都有其踪迹，但以热带、亚热带海域的潮间带为多见。穴居于泥沙或砾石中，洞穴深50～80 cm，也见于石块下、岩石的裂缝以及珊瑚礁中。星虫的运动能力强，除了钻穴，星虫还能在水中做蛇形游泳且动作迅速。此外，星虫对生长环境的质量十分敏感，略有污染则不能成活，因而可作为"环境指示物"。

全球已知星虫150余种，我国有近40种，最常见的有裸体方格星虫、可口革囊星虫和土钉。裸体方格星虫*Sipunculus nudus*在我国沿海都有分布，可口革囊星虫*Phascolosoma esculenta*主要分布于浙江以南海域，土钉*Physcosoma similis*则主要分布于山东胶州湾、江苏连云港。

星虫看起来有点恶心，但其实它也是一种海鲜美味，在我国东南沿海多有食用传统，如福建著名海鲜类风味小吃——土笋冻。"土笋"为星虫在闽南一带的俗称，土笋含有一定胶质，经熬煮冷却制成冻状，即土笋冻，外观灰白色，晶莹透明，香嫩可口，富有弹性，和其他调料配食，风味尤佳，是冬春季节的时令佳肴。

福建著名海鲜类风味小吃
——土笋冻

023

螠虫在传统分类学上曾为单列的一个门，现有许多学者将其归入环节动物中多毛纲下的一个目。

螠虫的外形与星虫相似，形似香肠，头端有扁平的突出吻，但吻不能缩回躯干内，且长度也因种而异，有些种类的吻只有几厘米，约为躯干长的几分之一，如单环棘螠 *Urechis unicinctus*，而叉螠属 *Urechis* 的吻长则通常是躯干长的几倍甚至十几倍。

常见螠虫
a. 单环棘螠 *Urechis unicinctus*；**b**. 叉螠 *Urechis sp.*

海鲜佳肴——海肠

与星虫一样，螠虫也主要分布于海洋，见于世界各地的海床，少数栖息于海底岩缝中，多数生活在泥质穴中。全球有记载170余种，我国仅分布11种。最常见的如单环棘螠 *Urechis unicinctus*，习见于山东沿海，俗称"海肠""海鸡子"，为一种传统特色的海鲜佳肴，且有温补肝肾、壮阳固精的作用。

螠虫类为雌雄异体，奇特的是叉螠的雌雄个体差异极大，雌虫体长约8cm，且有一个近1m长的吻，吻的末端分为双叉，故称之为叉螠。起初，动物学家在研究叉螠时只见雌虫，未见过雄虫，那么雄虫到哪里去了呢？后来在解剖雌性叉螠时在体腔和肾囊里发现了一种微小的动物，经鉴定，才知道是雄性叉螠。它的躯干只有1～3mm长，且结构极为简单，体表被一些纤毛，没有吻和消化道，只有生殖器官，一日三餐只能依靠雌虫来提供。怪不得人们"只见新娘，未见新郎"。

进一步的研究发现，原来，叉螠在幼虫期为中性，即没有性别分化，当幼虫在海水中游动时，如遇到雌虫的吻叉，即被吞入体内，但不是作为食物，而是转移到雌虫的肾囊中，并在成年雌虫激素的诱导下，逐渐发育为雄虫。每个雌性叉螠的体内通常可以找到大约20个的雄虫。如果叉螠幼虫在游动时未遇上雌虫（的吻），则以后就成为雌虫，在海底自由生活了。由此也出现了一种奇怪现象，这类螠虫的性别分化并不是受精时由遗传因素来决定的，而是受环境所控制。

8 软体动物门
Mollusca

全球已记载的软体动物种类数量达8万多种，仅次于节肢动物，为动物界第二大类群。绝大多数种类体外被有各式各样的石灰质贝壳，故习惯又称贝类，如我们常见的螺（Snail）、蛤（Clam）、石鳖（Chiton）等，部分种类外壳转化为内壳，如枪乌贼（Squid）、乌贼（Cuttle-fish），只有少数种类无壳，如章鱼（Octopus）、海兔等。

软体动物不仅种类繁多，且分布也极广，海水、淡水和陆地均到处可见，与人类的关系也极为密切。

不同类群形态结构差异极大，传统分类学则按贝壳有无、数量及形态，并结合外套膜、鳃、行动器官、神经及体制是否对称等，分有7个纲，常见的有多板纲Polyplacophora、双壳纲Lamellibranchia、腹足纲Gastropoda、掘足纲Scaphopoda和头足纲Cephalopoda等5个纲。

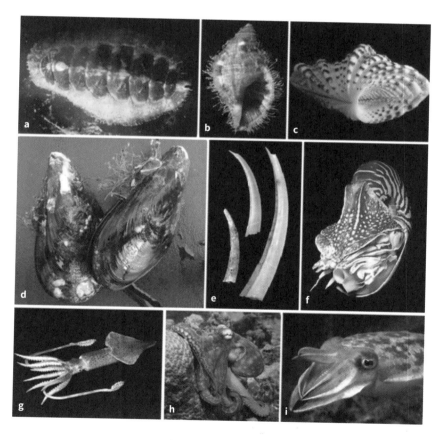

软体动物的基本外形

a. 石鳖类（Chiton）；**b**. 螺类（Snail）；**c**. & **d**. 双壳类（Clam）；**e**. 角贝类（Dentalium）；
f. 鹦鹉螺（Nautilus）；**g**. 鱿鱼（Squid）；**h**. 章鱼（Octopus）；**i**. 乌贼（Cuttle-fish）

8.1　多板纲 Polyplacophora

石鳖背腹面观

　　多板纲的种类统称石鳖，体两侧对称，背视长椭圆形，中央具8块鱼鳞状排列的石灰质壳板，壳板四周称环带，其上常长有角质刺束（Spine）或鳞片（Scale）、毛（Bristle）等。腹视中央为一宽大的足，前、后有口与肛门，分列于"头"部和"尾"部。足与环带之间有一道深沟，称外套沟，内具排列整齐的鳃。

隐身有术的石鳖

　　石鳖种类不多，全球只有550多种，我国已记录50余种，全部为海生，隐栖于潮间带岩礁上，一般体长3～4 cm。石鳖宽大的足则类似于吸盘，可以牢牢地吸附在岩礁上，避免被海浪冲走，取食时又能借以在周围匍匐，刮食岩礁表面的藻类。

　　在东南沿海，民间也有食用其习惯，此外，据《中华本草》记载，石鳖还有化痰散结、清热解毒之功效。

风味特色小吃——石鳖卤花生

8.2　腹足纲 Gastropoda

腹足纲是软体动物中种类最多的一纲，传统分类学上将其分为前鳃亚纲、后鳃亚纲和肺螺亚纲。

前鳃亚纲的种类最多，海洋、淡水、陆地都有分布，是我们通常所说的螺类，体外都被一个发达的螺旋形贝壳，鳃位于心室前，壳口大多具厣。

常见前鳃亚纲种类

a. 粒花冠小月螺 *Lunella granulata*；**b.** 半褶织纹螺 *Nassarius sinarum*；**c. & d.** 扁玉螺 *Neverita didyma*；**e.** 单齿螺 *Monodonta labio*；
f. 管角螺 *Hemifusus tuba*；**g.** 角蝾螺 *Turbo cornutus*；**h.** 瓜螺 *Melo melo*；**i.** 冠螺 *Cassis cornuta*；
j. 信号芋螺 *Conus litteratus*；**k.** 虎斑宝贝 *Cypraea tigris*；**l.** 蜘蛛螺 *Lambis lambis*；**m.** 珠带拟蟹守螺 *Pirenella cingulata*

后鳃亚纲的种类绝大部分为海生，少数分布于河口咸淡水，外壳一般不发达，有的退化（无腔类），也有的完全缺失（裸鳃类），少数成为内壳（被鳃类）。除了捻螺类外，都没有厣，鳃位于心室后方，原呼吸用的鳃消失而代之为二次性鳃。

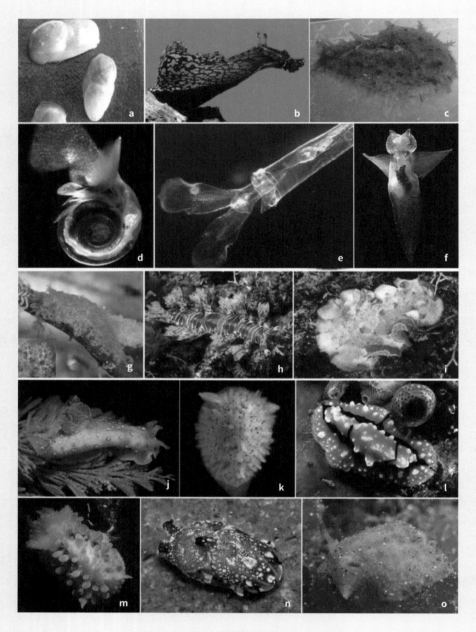

常见后鳃亚纲种类

a. 泥螺 *Bullacta exarata*；　**b**. 黑指纹海兔 *Aplysia dactylomela*；　**c**. 蓝斑背肛海兔 *Bursatella leachii*；　**d**. 蜿螺 *Limacina sp.*；
e. 尖笔帽螺 *Creseis acicula*；　**f**. *Clione limacina*；　**g**. 杜五海牛 *Duvaucelia exsulans*；　**h**. 马勇海牛 *Marionia olivacea*；
i. 血红六鳃 *Hexabranchus sanguineus*；　**j**. *Greilada elegans*；　**k**. 毛棘海牛 *Acanthodoris sp.*；　**l**. *Phyllidiopsis sp.*；
m. *Doris verrucosa*；　**n**. *Philinopsis cyanea*；　**o**. 石磺海牛 *Homoiodoris japonica*

肺螺亚纲基本上为陆生或淡水种类，鳃消失，鳃的位置变成肺囊。肺囊由外套膜褶襞和许多血管组成，能使动物在空气中进行呼吸。大部分种类有螺旋形的贝壳，少数种类为内壳，但均无厣。神经系统集中于头部。头触角1～2对，眼位于触角的茎部或顶端。雌雄同体，交尾产卵。常见的有菊花螺*Siphonaria*、椎实螺*Lymnaea*、网纹螺*Cancilla*、囊螺*Physa*、淡水笠螺*Laevapex*、石磺*Onchidium verrulatum*、褐云玛瑙螺*Achatina fulica*等。

前鳃亚纲种类的外壳卷曲呈螺旋状，有的自左至右，有的自右至左，即有左旋与右旋之分。判断左右旋向的办法很简单，手持贝壳，将壳顶向上，壳口面向自己，如果壳口在壳轴的右侧，则为右旋螺(Dextral Shell)，反之为左旋螺(Sinistral Shell)。大部分种类为右旋螺，只有极个别种类为左旋螺。

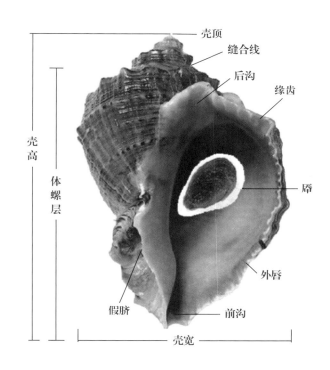

前鳃亚纲螺壳外形

腹足类外壳一般可分为螺旋部(Spire)和体螺层(Body Whorl)两部分。螺旋部也称螺塔，是内脏囊所在之处，体螺层是贝壳的最后一个螺层，它容纳动物的头部和足部。螺旋部的螺层数是种类的基本特征之一。体螺层与螺旋部的大小比例随种类而不同，有的种类螺旋部极小，体螺层极大，如鲍等，而有些种类则正好相反，螺旋部极高而体螺层极小，如锥螺*Turritella*等，有的种类不具螺旋，如笠贝*Cellana*。

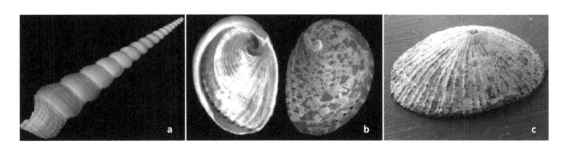

螺旋部的变化

a. 锥螺 *Turritella*　**b**. 鲍 *Haliotis*　**c**. 笠贝 *Cellana*

螺旋部的顶端为壳顶（Apex），是动物最早形成的胚壳，有的尖，有的呈乳头状，有的种类被腐蚀磨损。螺层的表面常有生长线、突起、横肋、纵肋、棘和种种花纹，也是种类鉴定的基本特征。

各螺层之间的界线称缝合线。体螺层的开口称壳口，有些种类的壳口在前端或后端，常具缺刻或沟，即前沟和后沟，有的种类前沟特别发达，形成贝壳基部的一个大型棘突，或成为吻伸出的沟道，如骨螺。壳口靠螺轴的一侧为内唇，内唇相对的一侧称外唇。

螺壳的内部结构
a. & **b**. 螺轴；**c**. 脐；**d**. 厣

螺壳的旋转中轴为"螺轴"，位于贝壳的中心。螺壳旋转所形成的小窝为"脐"，与螺轴相通，有的种类由于内唇向外卷转在基部形成了小凹陷，称为假脐。

厣是腹足纲动物独特的保护装置，有角质的，如玉螺，也有内面是角质的外面却是石灰质的，如蝾螺*Turbo*。厣上面生有环状或螺旋状的生长纹，也是判断该种类年龄的依据之一。

腹足纲动物的前、后、左、右方位是按行动时的姿态来决定的。壳顶端为后端，相反的一端为前端。壳口一面为腹面，相反的一面为背面。以背面向上，腹面向下，后端向观察者，在右侧者为右方，在左侧者为左方。

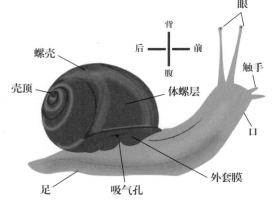

螺类外形方位

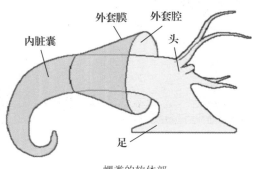

螺类的软体部

螺类的软体部（肉体部）全部包藏在壳内，通常分为头部、外套膜、足和内脏囊4个部分，活动时头部和足可伸出壳外。

外套膜与足、头之间的空隙称外套腔，螺类的鳃及排泄孔位于腔内。

螺类的头部一般都很发达，上具1～2对触角（触手），能伸缩。有2对触角的种类，眼点常位于后触角。头的腹面有口，大多数种类常突出成吻。口腔内有颚片及齿舌。

螺类的外套膜是一层很薄的组织，覆盖整个内脏囊，但常在内脏囊和足的交接处游离而呈"领状"，之间有一空隙，称"外套腔"，内有鳃、肛门、生殖孔和排泄孔等。

腹足纲的足比较发达，呈肉质块状，足底宽平，适于爬行（匍匐）。足的形态常在种类间有变化，也决定了它的生活方式（或生活方式决定了足的形态）。营固着生活的种类，如蛇螺，足部退化，寄生的种类，如圆柱螺*stilifer*，足部也仅成为肌肉质的小突起。足的皮肤表面通常具有大量黏液腺，统称足腺，能分泌黏液，以润滑足底，帮助爬行。内脏团（囊）位于足的上部，包含内脏各器官，以及消化腺（有些种类还具毒腺）、生殖腺等。

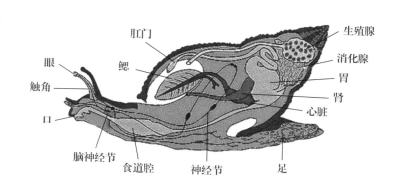

螺类的内部结构

腹足纲种类繁多，仅海产种类就达36 000余种，绝大多数具有外壳。这些大大小小的贝壳，无论是色彩、纹理，还是造型、构造，无不出自大自然鬼斧神工的奥妙造化，使人赏心悦目，陶醉其中。有人称其为艺术之瑰宝、大海之宝石、自然之精灵。

巧夺天工的各类螺壳

按传统分类，腹足纲下的目、科很多，常见的有：

鲍科 Haliotidae

外壳低平，螺旋部退化，体螺层及壳口极大，壳边缘具1列小孔，无厣，壳内面具珍珠光泽。我国有羊鲍、杂色鲍、耳鲍等，习惯称鲍鱼，在古时都属海产八珍，其壳称石决明，为传统中药材。

鲍科常见种

a. 羊鲍 *Haliotis ovina*；**b**. 杂色鲍 *Haliotis diversicolor*；**c**. 耳鲍 *Haliotis asinina*

蝛科 Fissurellidae、笠贝科 Acmaeidae

贝壳低平，螺旋部退化，体螺层及壳口极大，壳较薄，近半透明，壳顶靠前方，壳面具细小而密集的放射肋，壳内面银灰色。常见的如嫁蝛、史氏背尖贝，为沿海有名的小海鲜，素有"小鲍鱼"之称。

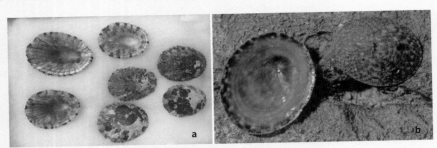

蝛科、笠贝科常见种

a. 嫁蝛 *Cellana toreuma*；**b**. 史氏背尖贝 *Notoacmea schrenckii*

马蹄螺科 Trochidae

贝壳为螺旋圆锥形或球形，壳口完全，壳内层珍珠层厚，厣角质。其中黑凹螺、单齿螺是最常见的食用螺类。

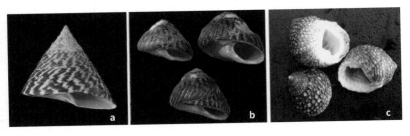

马蹄螺科常见种

a. 大马蹄螺 *Trochus niloticus*；**b**. 黑凹螺 *Omphalius nigerrimus*；**c**. 单齿螺 *Monodonta labio*

蝾螺科 Turbinidae、蜑螺科 Neritidae

贝壳坚硬，螺旋部低，体螺层膨大，壳面或具肋或棘。壳口圆形，厣厚重，圆形，外面石灰质，表面颗粒状，内面角质，平滑，如角蝾螺、粒花冠小月螺、齿纹蜑螺等。其中角蝾螺、粒花冠小月螺的厣又称甲香，为传统中药材。

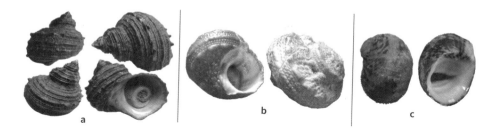

蝾螺科、蜑螺科常见种
a. 角蝾螺 *Turbo cornutus*；**b**. 粒花冠小月螺 *Lunella coronate*；**c**. 齿纹蜑螺 *Nerita yoldii*

锥螺科 Turritellidae、轮螺科 Solariidae

锥螺科种类的螺塔很高，呈尖锥形，如笋锥螺。而轮螺科的种类则贝壳低矮，体形或多或少呈盘状，脐大而深，边缘具锯齿状缺刻。

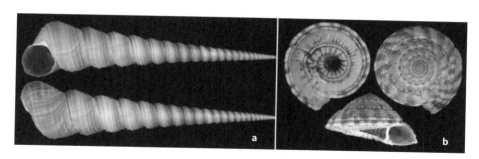

锥螺科、轮螺科常见种
a. 笋锥螺 *Turritella terebra*；**b**. 大轮螺 *Architectonia maxima*

翁戎螺科 Pleurotomaria

翁戎螺为古代极稀罕的螺类，大洋性的种类，偶见于3 700～3 900 m的深海。体呈陀螺形，壳质脆薄、易碎，近壳口处的体层上有供排泄体内废物的长条裂缝。由于现生种类极少，难得一见，因而曾一时被炒成天价螺。市面上常见的有龙宫翁戎螺和红翁戎螺。

 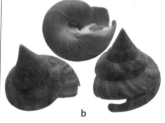

翁戎螺科
a. 龙宫翁戎螺 *Entemnotrochus rumphii*
b. 红翁戎螺 *Mikadotrochus hirasei*

蛇螺科 Vermetidae、蟹守螺科 Cerithiidae

蛇螺科为腹足纲中特殊的一类，贝壳长管状，呈不规则的卷曲，足退化，营固着生活，如覆瓦小蛇螺，常见在礁石上盘曲成一坨。蟹守螺科种类的壳长锥形，螺塔高，壳面有肋或结节，壳口有前沟，外唇扩张，厣角质，如我国沿海习见种中华拟蟹守螺、珠带拟蟹守螺、纵带滩栖螺等。

蛇螺科、蟹守螺科

a. 覆瓦小蛇螺 *Serpulorbis imbricatus*；**b**. 珠带拟蟹守螺 *Cerithidea cingulata*；**c**. 纵带滩栖螺 *Batillaria zonalis*

滨螺科 Littorinidae、凤螺科 Strombidae

滨螺科为小型螺类，呈圆锥形或陀螺形，壳质坚实。螺旋部小，体螺层大。壳面平滑或具螺肋、结节，多栖息于潮间带高潮区的岩礁上。凤螺科为中大型螺类，体表具珐琅质，壳结实，体螺层大，螺旋部低，壳口狭长，外唇扩张，呈翼状，或具棘状突起，有前沟，有时具后沟，厣呈柳叶形。如蜘蛛螺、水字螺、凤螺、钻螺等。

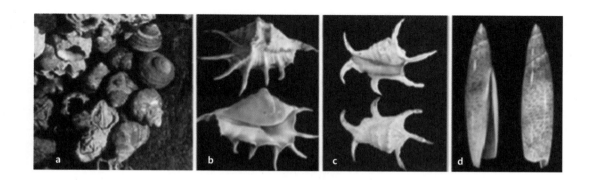

滨螺科、凤螺科

a. 滨螺 *Littorina sp.*；**b**. 蜘蛛螺 *Lambis crocata*；**c**. 水字螺 *Lambis chiragra*；**d**. 钻螺 *Terebellum terebellum*

玉螺科 Naticidae

贝壳呈球形或耳形，螺塔低，体螺层膨大，壳面光滑，壳口无沟，厣角质，足极发达，如斑玉螺、扁玉螺、微黄镰玉螺等，为我国常见的经济螺类。

玉螺科

a. 微黄镰玉螺 *Lunatica gilva*；**b**. 扁玉螺 *Neverita didyma*

宝贝科 Cypraeidae

贝壳卵圆形，坚固，壳表具珐琅质，富有光泽，螺旋部微小，体螺层大，壳口狭长，唇缘厚，两侧具齿、无厣。外套膜及足发达，生活时外套膜常伸展遮被贝壳。我国记载约80种，全部海产。据记载，本科螺类曾被当作货币流通，加上外观美丽，俗称宝贝、宝螺，深受集贝者青睐。

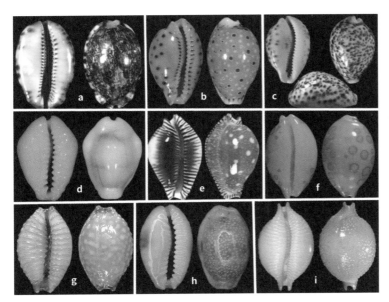

宝贝科

a. 阿文绶贝 *Mauritia arabica*

b. 保罗贝 *Naria beckii*

c. 虎斑宝贝 *Cypraea tigris*

d. 货贝 *Monetaria moneta*

e. 金星眼球贝 *Perisserosa guttata*

f. 玛丽亚疹贝 *Annepona mariae*

g. 葡萄贝 *Staphylaea staphylaea*

h. 眼球贝 *Naria erosa*

i. 疹贝 *Pustularia cicercula*

梭螺科 Ovulidae

梭螺科的大部分种类个体较小，表面光滑或具细沟纹和斑点。壳口狭长，外唇一般具缘齿，内唇通常光滑无肋，前、后水管沟长或短，无厣。广布于热带和亚热带暖海区的潮间带至潮下带的岩礁、泥沙或沙质海底，有的种类营寄生在软珊瑚或柳珊瑚上。我国沿海已发现50种左右。

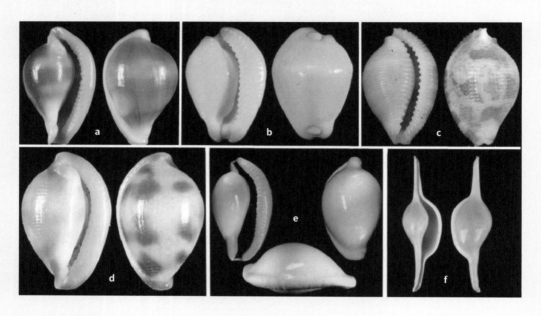

梭螺科

a. 缘梭螺 *Margovula pyriformis*；**b**. 翁螺 *Calpurnus verrucosus*；**c**. 拟宝贝 *Pseudocypraea adamsonii*；
d. 龟梭螺 *Testudovolva orientis*；**e**. 卵梭螺 *Ovula ovum*；**f**. 钝梭螺 *Volva volva*

冠螺科 Cassididae

螺旋部小，体螺层膨大，壳呈圆锥形或冠状。壳面有肋，壳口狭长，唇部扩张，前沟短而扭曲，厣角质。常见的有沟纹鬘螺、冠螺、宝冠螺等，其中冠螺及宝冠螺都属于"四大名螺"。

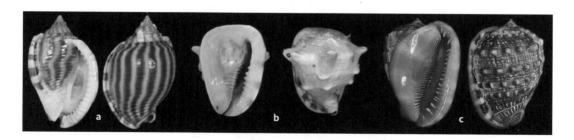

冠螺科

a. 沟纹鬘螺 *Phalium flammiferum*；**b**. 冠螺 *Cassis cornuta*；**c**. 宝冠螺 *Cypraecassis rufa*

嵌线螺科 Cymatiidae、蛙螺科 Bursidea

除法螺属外，嵌线螺科和蛙螺科的种类一般个体都小，壳厚，有粗肋、雕刻或棘刺。壳口多卵圆形，有前、后沟。壳表有时带毛，厣角质。前者生活在潮下带岩礁间，后者生活于浅海软泥、沙泥或细沙质的海底，习见于我国浙南以南沿海。

法螺为大型螺类，为俗称"四大名螺"之一。

嵌线螺科、蛙螺科

a. 大法螺 *Charonia tritonis*；**b**. 网纹扭螺 *Distorsio reticularis*；**c**. 蟾蜍土发螺 *Tutufa bufo*

鹑螺科 Doliidae、琵琶螺科 Ficidae

壳中大或大，壳质脆薄，螺塔短小，体螺层膨胀，无厣。鹑螺科种类壳膨胀呈球状，其上有螺旋肋，吻很长，水管狭长，足发达。琵琶螺科的种类壳呈梨形或琵琶形，壳口广开，前沟长而宽。

鹑螺科、琵琶螺科

a. 中国鹑螺 *Tonna chinensis*；**b**. 带鹑螺 *Tonna galea*；**c**. 琵琶螺 *Ficus ficus*

骨螺科 Muricidae

贝壳呈陀螺形或梭形，壳质坚厚，壳面具各种结节或棘状突起，体螺层大，前沟长，厣角质，肉食性，常用吻穿凿其他软体动物而食其肉，是贝类养殖的敌害生物。如荔枝螺、骨螺、红螺等，为我国主要经济螺类。

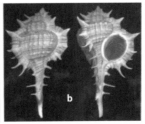

骨螺科

a. 黄口荔枝螺 *Thais luteostoma*；**b**. 浅缝骨螺 *Murex trapac*；**c**. 脉红螺 *Rapana venosa*

盔螺科 Galeodidae、涡螺科 Volutidae

盔螺科种类壳呈梨形，螺塔较低，常有结节或横肋，壳面被有壳被及棕色的茸毛。壳口较宽大，前沟或长或短，厣角质。多生于浅海。肉肥大，可食用，壳可做号角。

涡螺科种类外壳形状常有变化，通常呈卵圆形、纺锤形，壳顶呈乳头状。螺轴具数个褶皱，前沟不延长，常呈缺刻状，无厣，壳形优美，可供玩赏或加工成容器，如瓜螺。

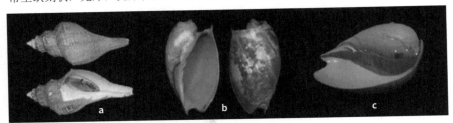

盔螺科、涡螺科

a. 管角螺 *Hemifusus tuba*；**b**. *Cymbium marmoratum*；**c**. 瓜螺 *Cymbium melo*

芋螺科 Conidae、笋螺科 Terebridae

壳呈锥形或纺锤形，壳质坚厚，螺塔低，体螺层长大，壳面光滑明亮，壳口长而狭窄，厣或有或无，吻长。本科种类很多，大多为暖水性种类，多生活于潮间带珊瑚礁间，有些种类体内有剧毒，可自口吻射出，杀伤其他动物，常与箱水母（Boxjelly Fish）、石鱼(Stonefish)、海蛇(Sea Snake)并称海洋四大毒物。笋螺科种类体型与芋螺相反，螺塔极高而呈长锥形，体螺层很小，壳质坚固，壳口也小，形似竹笋，故名笋螺。

芋螺科、笋螺科

a. *Conus armadillo*；**b**. *Conus narnoreus*；**c**. 笋螺 *Terebra sp.*

榧螺科 Olividae、织纹螺科 Nassidae

榧螺科种类螺壳呈柱状或纺锤状，壳面平滑，富光泽，色彩美丽多变，壳口狭长，前沟短宽。厣或有或无，足发达。生活于热带及亚热带浅海的沙质或软泥质海底。织纹螺科的种类主要栖息于软泥质潮间带，壳型小，似虫蛾。壳质坚厚，壳口多卵圆形，内唇光滑或有硬结节，外唇常具齿，厣角质，俗称割香螺、小黄螺、海蛳螺，是我国沿海较为常见的有毒螺类，其毒化的原因可能与海洋环境污染、有毒赤潮等有关。

榧螺科、织纹螺科

a. 伶鼬榧螺 *Oliva mustelina*；**b**. 半褶织纹螺 *Nassarius semiplicatus*；**c**. 红带织纹螺 *Nassarius succinctus*

8.3 掘足纲 Scaphopoda

掘足纲亦称管壳纲Siphonoconchae，具一个细长似牛角形或圆锥形的管状贝壳，习惯称角贝（Horn Shell）、象牙贝（Tusk Shell）。全部海产，种类不多，全球仅570多种，我国分布有25种。

掘足纲种类的外形如象牙，故有人称其为象牙贝，壳长2～150 mm，呈浅黄色、浅灰色或绿色。两端开口，粗端为前端，称头足孔，头与足由此孔伸出壳外，水流也由此孔流入。细端为后端，也开有小孔，称肛门孔，通常露出沙外，水流由此孔流出。壳表具有生长纹和纵肋。

头部不明显，退化为体前端的吻状突起，也称口吻。无眼点，无触角。基部两侧各有一头叶（Head Lobe），头叶生有一簇能收缩的丝状物，称头丝（Captacula）。头丝末端膨大成黏着吸盘。头丝有触觉及摄食作用。

本纲动物下设2目10科。我国常见为角贝目Dentaliida（象牙贝目）的种类。

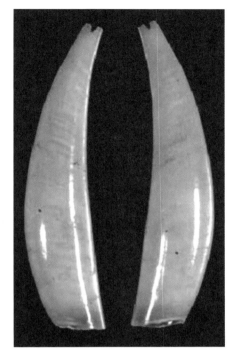

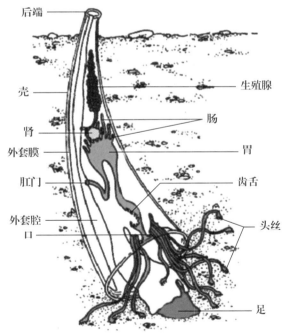

掘足纲外壳、内部结构及生活原理

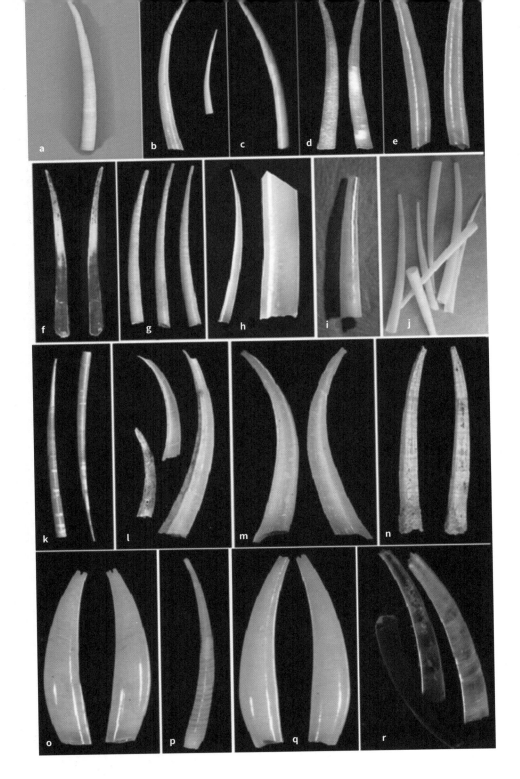

掘足纲种类

a. 大角贝 *Dentalium vernedei*；**b**. *Calliodentalium sp.*；**c**. *Antalis sp.*；**d**. *Dentalium sp.*；**e**. *Pulsellum sp.*；
f. *Fissidentalium sp.*；**g**. *Graptacme sp.*；**h**. *Fustiaria sp.*；**i**. *Episiphon sp.*；**j**. *Laevidentalium sp.*；**k**. *Rhabdus sp.*；**l**. *Bathoxiphus sp.*；
m. *Entalina sp.*；**n**. *Entalinopsis sp.*；**o**. *Cadulus sp.*；**p**. *Gadila sp.*；**q**. *Polyschides sp.*；**r**. *Siphonodentalium sp.*

8.4 双壳纲 Bivalvia

双壳纲动物的共同特征是具有两片壳，也因此得名。

除了双壳，本纲动物没有明显的头部，鳃发达而呈瓣状，大多数种类足部也发达，呈斧头状，故习惯上也称无头类、瓣鳃类及斧足类等。全球有8 400余种，全部水生，大多数为海产，习惯也称蛤类，或狭义中的"贝类"，淡水产的种类则习惯称蚌。

双壳纲的贝壳形状、贝壳区位特征以及表面的变化差异等，都是种类鉴定的主要依据。

双壳纲种类的贝壳外形

a. 指纹蛤 *Acila divaricata*；**b**. 褶牡蛎 *Alectryonella plicatula*；**c**. 扇贝 *Chlamys sp.*；**d**. 彩虹明樱蛤 *Moerella iridescens*；
e. 小刀蛏 *Cultellus attenuatus*；**f**. 海笋 *Martesia sp.*；**g**. 翡翠贻贝 *Perna viridis*；**h**. 毛蚶 *Anadara kagoshimensis*；
i. 青蛤 *Cyclina sinensis*；**j**. 丁蛎 *Malleus albus*；**k**. 筒蛎 *Penicillus penis*；**l**. 海菊蛤 *Spondylus sp.*

双壳类的贝壳由3层组成，最外是一层薄的角质层（Periostracum），又称壳皮，中间较厚的为棱柱层（Prismatic Layer），最内是珍珠层（Pearl Layer）。珍珠层光滑，有彩色光泽，角质层和棱柱层随贝类的生长而不断增大面积，珍珠层则可随动物的生长而逐渐加厚。

有些种类贝壳的内面无珍珠层，不可能产珍珠，但也不是有珍珠层的种类就能产珍珠。

描述或比较双壳类的个体大小、形态，都有一些专门的术语。

如壳高（Height），是指壳顶至腹缘的最大距离，壳长（Length）为壳前后之最大长度，壳宽（Width）为壳左右之最大宽度。

壳顶（Umbo）为贝壳背面中央的一个突起，为最初形成的部分。壳顶或向前倾，或偏向中央。凡壳顶前倾形成一个明显的小凹陷，称小月面（Lunula），一般呈椭圆形或心形，而与小月面相对的壳顶后方称楯面（Escutheon），如青蛤、文蛤。有些种类在壳顶的两侧，都有突起，称前耳、后耳，如扇贝、丁蛎。

以壳顶为中心，呈同心环形的线纹称生长纹，而以壳顶为起点向腹缘伸出放射状线纹称放射肋（Radial Rib）。生长线和放射肋的变化很多，有相互交织成格状或鳞片状和棘状突起，此外，有些种类的壳表还有壳皮、毛及色彩、花纹、棘刺等。

双壳类壳表的生长纹、放射肋与前耳、后耳

两壳铰链处的两侧有弹性的韧带（Ligament），连接两扇贝壳。韧带有外韧带和内韧带之分，外韧带位于壳顶后面背缘的两壳间，内韧带位于壳顶下方铰合部中央的韧带槽（Resilifer Pit）内。

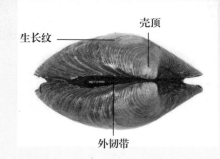

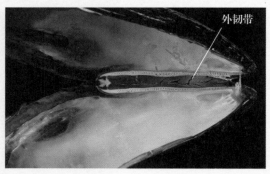

双壳类的韧带

打开双壳，左、右两壳在背面相连部分称铰合部（Hinge），铰合部一般具齿，如文蛤、青蛤等铰合齿有主齿和侧齿之分，主齿位于壳顶下方，侧齿位于主齿的前、后侧（常分前侧齿与后侧齿）。有些种类铰合齿呈列状，无主、侧齿之分，铰合齿形状、数量因种而别，是分类的重要依据。

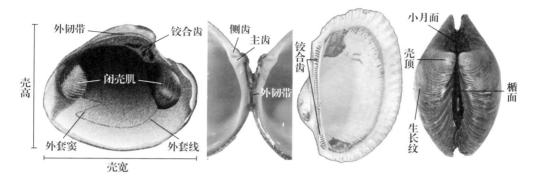

双壳类贝壳内面各区位

贝壳的内面通常有外套膜环肌、水管肌、闭壳肌、缩足肌和伸足肌等肌肉伸缩在壳内面形成的痕迹，分别称外套膜环痕（也称外套痕）、水管肌痕（外套窦）以及闭壳肌痕。闭壳肌痕常有1~2个。

双壳类的软体部也由外套膜、内脏囊、足3部分组成。

外套膜为内脏囊体表延伸的衣膜，紧贴于左、右两壳内面。原始的种类左、右两侧的外套膜仅在背部与内脏囊相连，肛门、鳃和足合用一个孔，如蚶（Arca）及扇贝（Pecten）等。而进化的种类肛门孔（出水孔）出现单列，即二孔型，如珍珠贝、牡蛎、贻贝等。也有些种类，如文蛤为三孔型，即鳃与足分别开孔，少数种类为四孔型，即进出水管也有独立通道。

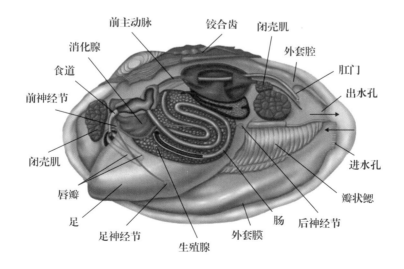

双壳类软体部一般结构

闭壳肌为两个连接左、右两壳的横行肌肉柱，有些种类前、后闭壳肌等大，如文蛤、青蛤，这些种类以前也称"等柱"类；有些种类两个闭壳肌大小差异较大，如贻贝，习惯也称"异柱"类，还有些种类的一个闭壳肌退化，另一闭壳肌扩大，并移至中央，如扇贝。

外套膜与内脏囊之间的空腔为外套腔，每侧的外套腔中有瓣鳃及两个唇片。

双壳类的足一般侧扁，呈斧形，是运动器官，但也由于生活方式不同，足在双壳类中也有很大变化，如营固着生活的牡蛎，足已完全退化，而营附着生活的贻贝，足基本退化，改由足丝附着。

口为一横裂缝，位于前闭壳肌后方，口的两旁各有两片瓣状物，表面密生纤毛，起传递和选择食物的作用。口下接一条短的食道，后通膨大的囊状胃。胃两旁是发达的消化腺，称肝胰脏。胃后接盘曲在内脏囊中的肠，穿过围心腔及心室，在后闭壳肌的后缘中部开口，即肛门。

鳃是主要呼吸器官，位于内脏囊两侧的外套腔中，呈瓣状，故双壳纲还有瓣鳃类之称。

双壳类全部为水生，绝大部分为海生，自潮间带至深海都有分布，尤其以热带、亚热带海域居多，少数如河蚬*Corbicula fluminea*等种类也分布于河口的半咸淡水域。

大多数种类在泥沙底质中营浅埋生活，仅进出水管稍露出泥沙外，有些种类如缢蛏、海笋（象鼻蚌）可潜入泥沙中达1m之深。

营浅埋生活的蛏类

牡蛎*Ostrea*等营固着生活，以一壳固着在其他物体上；贻贝*Mytilus*等由足丝腺分泌足丝附着在岩礁、木桩或贝壳等外物上。

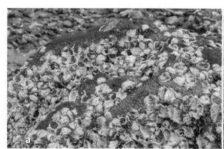

固着和附着生物
a. 固着生活的牡蛎 *Ostrea*；**b**. 附着生活的贻贝 *Mytilus*

奇特的穴居生物

a. 船蛆 *Teredo navalis*；**b**. 全海笋 *Barnea candida*

还有些种类营钻蚀生活，穴居于岩石、木质物或大型贝壳内，如船蛆*Teredo navalis*、马特海笋*Martesia striata*、石蛏*Lithophaga lithophaga*等。也有少数双壳类营寄生生活或与其他生物共生，如砗磲*Tridacna*与虫黄藻*Zooxanthella*，钳蛤*Isognomon*与海绵*Modiolaria mormorata*与海鞘共生。

足是双壳类的行动器官。许多种类能借助斧状的足在海底做缓慢匍匐，或下潜，如胡桃蛤*Nucula*、青蛤*Cyclina sinensis*等，三角蛤*Trigonia*的足还能用于跳跃。此外，有些特殊种类还有其他的运动方式，如大竹蛏*Solen grandis*，能借助出水管排水时产生的推力，向前运动，扇贝则能用双壳的开闭做短距离的游动，在南方被称为"会飞的贝"。当然，牡蛎、贻贝等部分种类的足退化，与它们的固着或附着生活相适应。

双壳类大多以微小生物及有机碎屑为食，多数是滤食性动物，少数深海生活的种类，如杓蛤*Cuspidaria*、孔螂*Poromya*等为肉食性动物，能够主动摄食环节动物、甲壳动物、小鱼及其他动物的尸体。营钻蚀生活的双壳类如海笋，可吞食坚硬的石灰质颗粒，而船蛆则可吞食木材。

双壳贝的个体大小差异极大，小的只有2～3 mm，最大的种类如大砗磲*Tridacna gigas*，壳宽接近2 m，重500 kg，足够给小朋友当浴盆使用。大多贝类的寿命通常为2～3年，较长者如泥蚶*Tegillaica granosa*能活10年左右，而一些珍珠贝则能活80年，据测算，大砗磲的寿命可达100年。

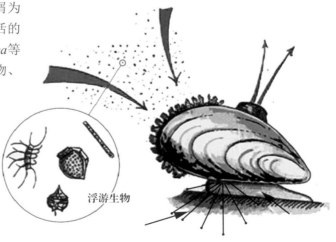

浮游生物

双壳类的滤食方式

按世界上流行的分类方法，本纲种类分为4个亚纲，16个目，116个科，约8 170种，我国已记载的海洋种类也有1 130余种。其中绝大部分为经济种类，而且许多种类色泽鲜艳，造型独特，可谓是巧夺天工，深受大众青睐，更受集贝爱好者的追捧。

■ 胡桃蛤目 Nuculoida

本目常见的有吻状蛤科Nuculanidae、胡桃蛤科Nuculidae、马雷蛤科Malletiidae、云母蛤科Yoldiidae及廷达蛤科Tindariidae等5科，为小型种类，大多栖息于潮下带。

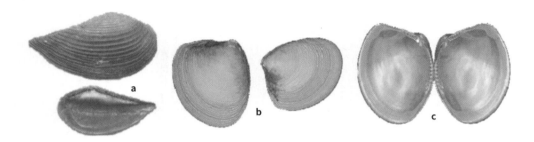

胡桃蛤目常见种类

a. 吻状蛤 *Nuculana sp.*；**b.** 东京胡桃蛤 *Nucula tokyoensis*；**c.** 日本胡桃蛤 *Nucula nipponica*

■ 蚶目 Arcoida

本目常见种类有蚶科Arcidae、细纹蚶科Noetiidae、帽蚶科Cucullaeidae等6科，其中以蚶科中的毛蚶、泥蚶和魁蚶最常见，经济价值也最大。

蚶科Arcidae的贝壳左右对称，两壳相等或不相等，壳质坚厚，表面被有毛状的壳皮，铰合齿一直列，因其血液中含有血红素，故有血蛤之称，肉、壳均可入药，壳称瓦楞子。其中魁蚶 *Arca inflata* 俗称赤贝，为常见的大型贝类，最大壳高可达8 cm，长9 cm，体重150 g以上。肉呈橘红或杏黄色，营养丰富，通常以生食为主，为黄渤海常见种。

泥蚶（俗称银蚶）、毛蚶，在我国沿海，尤其是广东、福建、浙江、江苏、山东等省早已人工养殖，是我国最重要的海产养殖贝类品种之一。

蚶科孪生兄弟

a. 泥蚶 *Tegillarca granosa*；**b.** 毛蚶 *Anadara kagoshimensis*

■ 贻贝目 Mytiloida

贻贝目的贝壳呈楔形、三角形或卵圆形。两壳相等，壳皮发达，壳内面具珍珠光泽，两闭壳肌不等，前闭壳肌退化或完全消失。足不发达或退化，以足丝营附着生活。

本目的主要经济种类有贻贝、厚壳贻贝、翡翠贻贝及栉江珧等，历史上曾被誉为海产八珍。前三种为我国主要的养殖贝类，南方俗称淡菜，北方称海虹。

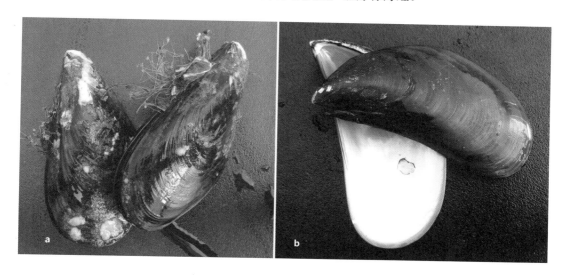

贻贝目
a. 厚壳贻贝 *Mytilus coruscus*；**b**. 翡翠贻贝 *Mytilus smaragdinus*

栉江珧，俗称带子，前闭壳肌退化，后闭壳肌强壮，位于中央，俗称"江珧柱"。

栉江珧 *Atrina pectinata*

■ 珍珠贝目 Pterioida

本目种类的两壳多有不等，一般右壳
平，左壳凸，且有长短不等的耳状突。壳表
生长纹明显，或具鳞片、放射肋。贝壳内面
的珍珠层厚，前闭壳肌消失，后闭壳肌发
达，位于壳的中央，足丝发达。

本目"有名"种类很多，如珍珠贝和扇
贝、海菊蛤、牡蛎等。

珍珠贝，以产珍珠而名之。常用于装饰
品，又是我国的传统药材。我国常见的主要
有合浦珠母贝*Pinctada imbricata*、大珠母贝
Pinctada maxima、珠母贝*Pinctada margari-
tifera*、企鹅珍珠贝*Pteria penguin*等。合浦
珠母贝俗称马氏珠母贝，是我国及世界生产
珍珠的主要母贝，主要分布在广东、广西及
海南沿海；大珠母贝俗称白蝶贝，是珍珠贝
中最大的一种，壳大而坚厚，成体壳高25 cm
左右，大者超过30 cm，最大体重超过5 kg，
主要产于海南和雷州半岛。珠母贝俗称黑蝶
贝，成体壳高10～15 cm，壳面呈黑色、黑褐
色或茶褐色，壳内面珍珠层呈银白色，略带
虹彩，边缘暗灰或墨绿色，是生产黑色系列
珍珠的主要贝种，主要分布在海南岛、砌州
岛等地沿海。企鹅珍珠贝壳面呈黑色，被有
细毛，壳内面呈银白色，具虹彩光泽，边缘
呈古铜色，成贝壳高15～18 cm，厚4 cm，大
者壳高达25 cm，分布于广东、广西及海南岛
沿海深水海域。

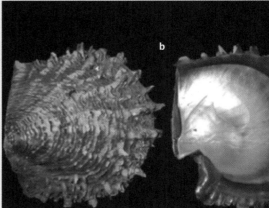

常见珍珠贝

a. 合浦珠母贝 *Pinctada imbricata*

b. 珠母贝 *Pinctada margaritifera*

c. 大珠母贝 *Pinctada maxima*

d. 企鹅珍珠贝 *Pteria penguin*

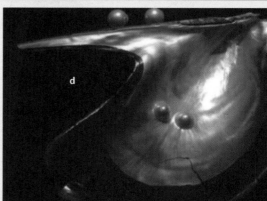

扇贝，顾名思义，贝壳呈扇形，两侧具前后耳，前后耳有同形或不同形。背缘直，闭壳肌大，1个，位于壳中央稍偏，其干品俗称干贝，古时属海产八珍之一。其生活方式因种而异，有的以足丝营附着生活，有的埋入泥沙中或在地表自由生活，绝大多数可利用发达的闭壳肌开合双壳，在水中上下左右做蝶式游动，通常较幼小的个体，更显活泼。

各种扇贝外形

海月蛤科Placunidae中的海月，贝壳扁平，壳质薄，多半透明，有光泽，在玻璃未出现之前，古代人常将其拼接成门窗，或制作灯罩，故有窗贝、镜贝之称。

鞍海月 *Placuna ephippium* 贝壳及其工艺品

海菊蛤科Spondylidae的种类，大多以右壳表面固着于基质上，壳表尤以大型不规则的棘状突起为特色，造型大气、霸道，且色泽鲜艳。

常见的海菊蛤

a. *Spondylus echinatus*；**b**. *Spondylus gloriosus*；**c**. 莹王海菊蛤 *Spondylus regius*；
d. *Spondylus limbatus*；**e**. 堂皇海菊蛤 *Spondylus imperialis*；**f**. 洁海菊蛤 *Spondylus foliaceus*

牡蛎科Ostreidae的贝壳两壳不等，左壳大而用以固着。铰合部无齿，有时具结节状大齿。闭壳肌位置近于中央或后方，外套痕不明显，无足和足丝。本科种类繁多，全球已发现100多种，分布于热带和温带海域。我国沿海约有20种，常见的有长牡蛎*Crassostrea gigas*、僧帽牡蛎*Saccostrea cucullata*、密鳞牡蛎*Ostrea denselamellosa*。俗名通称海蛎子、蛎黄或蚝，论其美味及营养价值，曾有"穷山之珍，竭水之错，南方之牡蛎，北方之熊掌"之说。

牡蛎 *Alectryonella sp.*

■ 帘蛤目 Veneroida

本目种类的贝壳大多以圆形、卵圆形为主，大小、厚薄不一。壳内面无珍珠层，铰合齿少，一般分主齿与侧齿，或无铰合齿。前后闭壳肌各一，大小相近，习惯称"等柱"，具进出水管。除蚬科外，基本上都是海水种类。

本目是双壳纲中种类数量最多的一个目，全球记载有1 400余种。我国记载520余种。

帘蛤目 Veneroida 主要各科

a. 北极蛤科 Arcticidae；**b**. 棱蛤科 Trapezidae；**c**. 猿头蛤科 Chamidae；**d**. 花蚬科 Cyrenidae；**e**. 小凯利蛤科 Kelliellidae；
f. 同心蛤科 Glossidae；**g**. 半斧蛤科 Hemidonacidae；**h**. 囊螂科 Vesicomyidae；**i**. Mactridae；**j**. 拟心蛤科 Cardiliidae；**k**. 帘蛤科 Veneridae

帘蛤目Veneroida中，许多种类为目前我国主要养殖品种。

帘蛤目 Veneroida 中的主要养殖种类

a. 青蛤 *Cyclina sinensis*；**b.** 文蛤类 *Meretrix*；**c.** 等边浅蛤 *Macridiscus aequilatera*；**d.**杂色蛤仔 *Ruditapes variegate*

■ 贫齿目 Adapedonta

本目种类的外壳通常呈条状或长条状，分缝栖蛤科Hiatellidae、刀蛏科Pharidae及竹蛏科Solenidae 3科，种类有小刀蛏Cultellus attenuatus、缢蛏Sinonovacula constricta、大竹蛏Solen grandis等，均具重要经济价值。

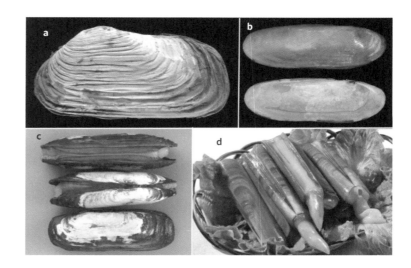

贫齿目 Adapedonta 主要种类

a. 褐色缝栖蛤 *Hiatella arctica*；**b**. 小刀蛏 *Cultellus attenuatus*；
c. 缢蛏 *Sinonovacula constricta*；**d**. 大竹蛏 *Solen grandis*

鸟蛤目 Cardiida 主要科

a. 鸟蛤科 Cardiidae；**b**. 樱蛤科 Tellinidae；**c**. 紫云蛤科 Psammobiidae；**d**. 斧蛤科 Donacidae

■ 鸟蛤目 Cardiida

本目种类繁多，全球记载共1 200余种，分鸟蛤总科Cardioidea和樱蛤总科Tellinoidea，鸟蛤总科Cardioidea的种类体形与帘蛤目相似，樱蛤总科Tellinoidea的种类大多壳薄，个体也小，如彩虹明樱蛤Moerella iridescens等，俗称海瓜子，栖息于沿海滩涂，为重要经济贝类。

有些双壳纲的种类，本来"名气"不大，但由于生态习性奇特，或长相怪异，种群数量减少被列入国家保护动物，近年来在网络中开始不断"走红"。

如国内海鲜市场中的象拔蚌（海神蛤*Panopea*），原产美国和加拿大北太平洋沿海，因其进出水管粗大，颇似大象的鼻孔，故商品名为"象拔蚌""象鼻蚌"。如石蛏*Lithophaga*，"凿石为居"，专门栖息于岩石、大型贝壳中，因其栖居方式罕见，且量少，在海鲜中独享盛名。砗磲科中的大砗磲*Tridacna gigas*，为已知贝类中的最大个体者，记载最大壳宽接近2米，重500 kg，主要分布于南太平洋和印度洋的热带浅水区，现为我国一级保护动物。

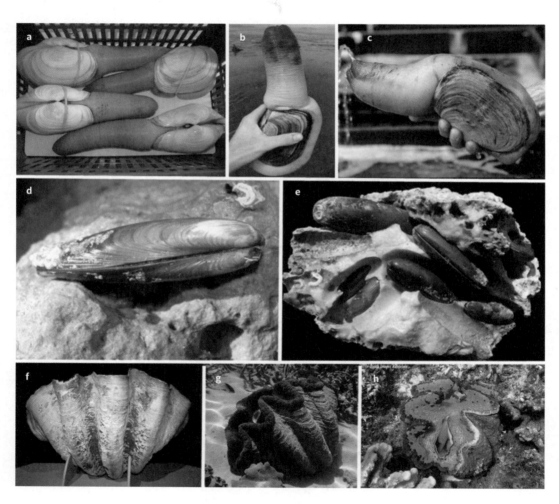

双壳纲中的部分种类

a. ～ c. 海神蛤 *Panopea generosa*（"象拔蚌"）；**d. ～ e.** 石蛏 *Lithophaga sp.*；**f. ～ h.** 大砗磲 *Tridacna gigas*

8.5 头足纲 Cephalopoda

头足纲是软体动物中进化较好的一类，因其足呈趾状，且环生于头部前方而得名，现生种类500余种，全为海产，多数能在海洋中做快速长距离游泳，也习惯称为"鱼"，如章鱼、墨鱼（乌贼）、鱿鱼（枪乌贼、柔鱼）等，大多为重要的海洋渔业对象，在整个渔业经济中占有重要地位。

对头足类的认知，最简单、直观的方法是依据其有无外壳、内壳。有固定外壳的种类只有鹦鹉螺，其余种类均无外壳（除船蛸具一临时性的外壳外）。无外壳而具内壳（也称内骨骼）为乌贼、枪乌贼、柔鱼，而章鱼即蛸类，除船蛸外，既无外壳也无内壳。

鹦鹉螺是本纲中唯一终生有外壳的种类，是俗称的四大名螺之一，这其实并不科学，但也合理。说合理，是因为它有一个螺旋形的外壳，貌似"螺"，但它有一个远较普通螺类进化的头、眼以及环生于头前呈趾状的足，而且壳的旋转方式、内部结构与其他的螺也不一样，而又有别于通常所说的螺。

鹦鹉螺（Nautilus）与真正螺（Trumpet Shell)的螺壳比较
a. 鹦鹉螺；**b**. 真正螺

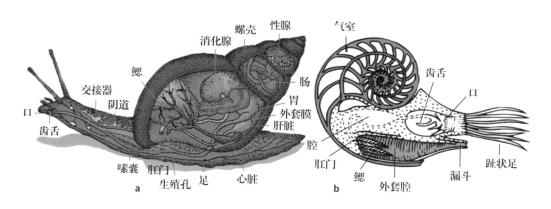

鹦鹉螺与真正螺内脏囊所处位置的比较
a. 真正螺；**b**. 鹦鹉螺

鹦鹉螺因具外壳而在本纲中属独立的一个亚纲，现有的种类仅5种，局限分布于印度洋和太平洋的亚热带和热带海域，其中我国只记载鹦鹉螺 *Nautilus pompilius* 1种，见于台湾、海南岛和南海诸岛等海域。2010年浙江台州渔民曾在浙江南部渔场100多米水深处捕获一头活体鹦鹉螺，有专家估计，这可能是受台湾暖流影响，属偶尔进入，并非自然分布。

鹦鹉螺平时多生活在100 m以上的深水底层，常以腕（趾状的足）"触底"而缓慢移动，以捕捉底栖的小型生物。运动器官是它的漏斗，可借以漏斗喷水"急流勇退"。壳室（也称气室）之间有管相通，能吸、放气体，借以调节自身比重，必要时能使其在海面与海底之间升降自如。

化石资料显示，在距今4亿多年前的奥陶纪，鹦鹉螺体长最长可达11 m，如此庞大的体型，加上其灵敏的嗅觉和凶猛的嘴喙，在当时的海洋，堪称一霸。而现生的鹦鹉螺，体长仅为16～25 cm，不用说称

霸，连自身的繁衍也成问题。因此，世界各国都将其视为"活化石"，加以保护，《濒危野生动植物国际贸易公约》中列为附录Ⅰ，在我国为一级保护动物。

鹦鹉螺 *Nautilus pompilius*

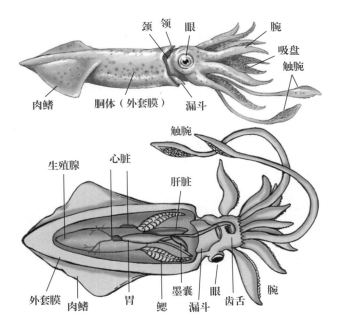

乌贼、枪乌贼和柔鱼类的外形与内部结构

乌贼隶属于乌贼目，枪乌贼和柔鱼隶属于枪形目，两目均具内壳，也称内骨骼，其中乌贼的内骨骼为石灰质，其余则为角质。乌贼、枪乌贼和柔鱼外形上很相似，身体由头部、足部和胴部组成，头部两侧有1对发达的眼睛。足呈趾状，环列在头部前方。口位于腕的基部，内有喙状的角质颚片。头与胴部之间的腹侧有一漏斗。

习惯以口的一端为前面，反口的一端为后面，有漏斗的一面为腹面，无漏斗的一面为背面。

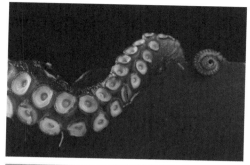

头足类的足，分支而呈趾状，环列于头的前方、口的周围，兼有足和手的功能，故称腕（Arm），一般基部粗大，顶端尖细。腕的内侧生有吸盘或须毛，有些种类还有钩。腕的形状和数目是分类上的重要依据，枪形目和乌贼目的腕都为10条，其中两条很长，称触腕（Tentacular Arms）或攫腕（Crasping Arms），专门用来捕捉食物。蛸类，即章鱼属八腕目，只有8条腕，故有八爪鱼之称。

腕上的吸盘与钩

许多种类的雄性个体有1条或1对腕特化成为交接器，特称茎化腕（Hectocotylized Arm）。不同种类茎化的形状不同，因而不仅可以鉴别雌、雄，也是种类鉴定的一个依据。

漏斗位于头与胴体之间的腹面，由足特化而来，它不仅是各类排泄物、生殖产物和墨汁排出的通道，又是主要的运动器官。

口位于各腕的基部，乌贼目、枪形目的种类在口的周围常分裂成叶状口膜，与腕的基部相接。口腔为一肌肉质的口球，内具1对黑色的鹦鹉喙状颚片，颚片边缘锋利，能轻松切断螃蟹之类的坚硬外壳。口腔的底部还有齿舌。

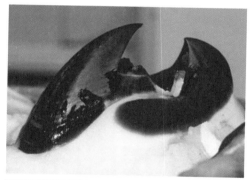

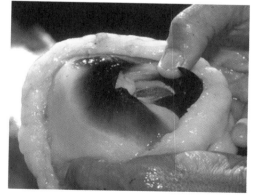

口球内鹦鹉喙状的颚片

胴部包裹了所有的内脏器官，具发达的环肌，实为"外套膜"，是头足类的主要肉质部分。胴体边缘有一层薄的皮质延伸，称肉鳍，为头足类的辅助游泳器官，一般只是用于保持身体平衡，或慢速前进。不同的种类肉鳍的形态有别，通常乌贼目的种类肉鳍围绕胴体，即周鳍型，或位于胴体的两侧，称中鳍型。而枪形目的肉鳍通常位于胴体的尾端，形似古代的"枪"，故有枪形目之称。

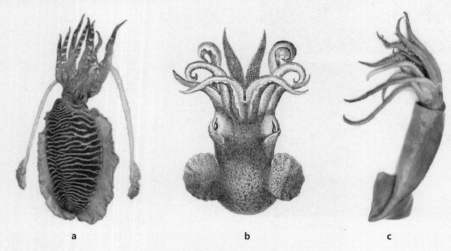

头足类的肉鳍
a.周鳍型（乌贼目）；**b**.中鳍型（乌贼目）；**c**.端鳍型（枪形目）

　　枪形目和乌贼目的种类全部为内壳，其中乌贼目的种类为石灰质船形内壳，我国传统药物中通称海螵蛸。枪形目的种类为角质内壳，薄而透明，其中枪乌贼类的骨骼呈羽状，而柔鱼类的骨骼呈粗针状。

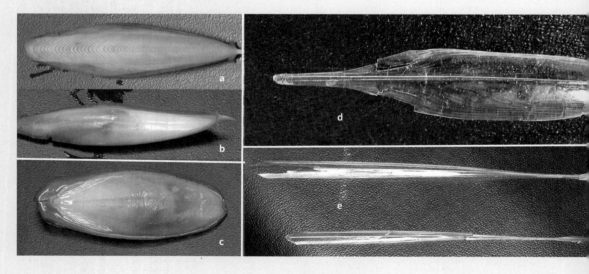

头足类的内骨骼
a.&**b**.针乌贼内骨骼；**c**.无针乌贼内骨骼；**d**.日本枪乌贼内骨骼；**e**.柔鱼内骨骼

八腕目也称蛸目，所有种类俗称章鱼，基本结构与乌贼目、枪形目类同，只是没有内骨骼，且少了2条触腕，只有8条腕，故也称"八爪鱼"。胴部小，通常呈卵圆形，肉鳍多数也退化，少数具耳状中鳍。

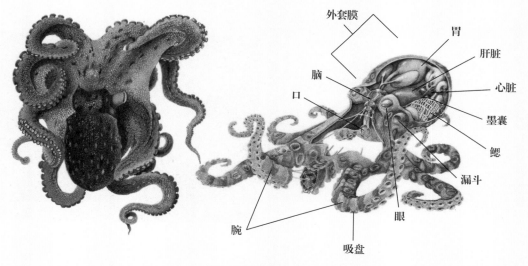

章鱼外形与结构

船蛸科种类的假外壳(次生性壳)

　　八腕目中船蛸科种类的雌体有一种特殊的外壳。此壳并非由正常的外套膜所分泌，而是在产卵前由雌体的两条特化的背腕所分泌，雌体将卵子产在壳内，使其在壳内孵化。外壳的形状与鹦鹉螺壳有点相似，粗看犹如小的鹦鹉螺，只是壳质稍薄，且颜色单一，无珐琅质光泽。有了这种"孵卵袋"，船蛸可随身携带卵子，不用费心在一固定地护卵。待全部孵化后，此外壳随即废弃，为区别来源"正宗"的外壳，特称为次生性壳或假外壳。

头足动物的分布极广，从近岸沿海到远洋深海，从寒带至热带都有其踪迹，尤以暖海及高盐度海洋居多。个别种类能跃出水面在空中短距离滑翔，如飞乌贼*Ornithoteuthis volatilis*，大多数蛸类营底栖生活，常隐居岩石下、岩缝间或泥沙中，如短蛸*Octopus ocellatus*。多数种类善于快速远距离地游泳，如枪乌贼*Loligo*。

飞乌贼 *Ornithoteuthis volatilis* 在水面滑翔

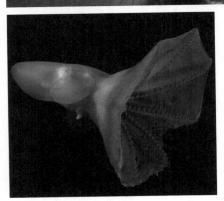

深海须蛸 *Cirroteuthis sp.*

生活在深海的种类，大多在体表、头部、眼或口腕上常具有发光器，能自行发光，有些种类则由体内的共生菌发光，或吸引异性，或诱捕食饵、对抗敌害。

大多头足类对光线反应灵敏，具有趋光性，如金乌贼趋向紫红色光，而对直射强光则多表现为避光性。

少数种类以微小生物及有机碎屑为食，如生活在远洋的须蛸*Cirroteuthis*，其颚、齿舌均退化，腕间膜长成蹼状，形似捕捞的网具，用以滤捕微小的浮游生物。

多数头足动物为肉食性，能主动捕食鱼类、甲壳动物、蠕虫、腔肠动物及其他软体动物。最有名的是大王乌贼*Architeuthis dux*。

有关大王乌贼的"版本"很多，历史上常常将它塑造成海中的"巨无霸"，不仅个大，且凶残成性。

大王乌贼智斗抹香鲸

真实的大王乌贼Architeuthis dux确实称得上是巨型头足类，只是平时生活在深海，难得一见。据国外现存标本测量，雌性全长（胴体端部至触手末端）达13 m，雄性通常为10 m左右，胴体长略超过2 m（雌性稍长，雄性稍短），体重220 kg，也是现生最大的无脊椎动物之一，仅次于大王酸浆乌贼Mesonychoteuthis hamiltoni（全长14 m）。以前曾有报道，最大的大王乌贼全长超过20 m，但缺乏科学依据。2004年，日本的一些研究者成功地拍到了一张大王乌贼的生活照片，2012年又在大王乌贼的产地拍到了一段视频。

大王乌贼在各大洋都有分布，主要是大陆斜坡和岛屿附近的深海，拖网标本和抹香鲸潜水行为的数据表明，栖息深度为300～1 000 m。以深海鱼类和其他头足类为食，捕食时用两条触腕抓住猎物，然后送入口中，用强大的角质喙撕碎，其天敌除了抹香鲸外，还有领航鲸。

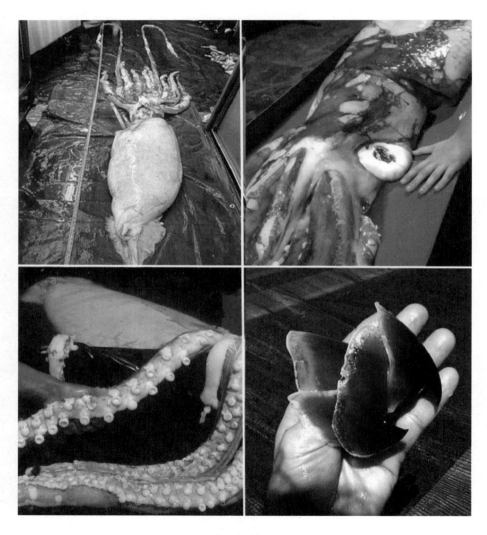

大王乌贼标本

喷墨——捕食或逃遁

　　许多头足类动物的生存技巧堪称一绝，不用说无脊椎动物，就连一些高等的脊椎动物也自叹不如。

　　头足类动物体内有一个墨囊，内藏高度浓缩的"墨汁"，一经释放，能瞬间使周围海水变黑，借以捕食或逃避敌害，这就是"乌"（乌贼）的来历。同时墨汁还有一定的毒性，可麻痹敌害动物。

正在护卵的章鱼

　　头足类的体表一般都具有丰富的色素细胞，这些色素细胞能在短时间内迅速聚散，以此改变体色，故素有"变色大师"之称，既能以此适应周围的环境（拟态），有效地保护自己，又能迷惑对方，不时成功出手。

　　还有一些营底栖生活的蛸类，除了能随时改变体色，还善于利用周围的一些"废弃"材料构筑自己的巢穴。研究发现，有些章鱼的巢穴之复杂，犹如地下迷宫，因而章鱼有海底"建筑大师"之称。

　　别看头足类动物好斗心胜，又贼头贼脑，但对下一代则关爱有加。许多头足类动物都有护卵习惯，特别是蛸类，产卵时一定会将卵产在某一极隐蔽的角落，然后始终守护，以防其他生物偷食，并不时翻动卵群，以免相互挤压或缺氧受损，直到全部孵化。

9 节肢动物门
Arthropoda

　　节肢动物是动物界种类数量最多，分布也最广的一个门类。它包括我们熟知的虾、蟹、蜘蛛、鲎、蜈蚣、马陆以及蚊、蝇等。本门动物种类之间无论是个体大小，还是形态、生活习性等都差异极大，但它们都有一些共同特征，诸如身体分节，附肢也分节，体表上都有一层相对贝类要薄得多的几丁质外壳等。此外，它们的发育过程都要经过变态，而在生长过程中还得蜕皮，即蜕皮一次，长大一点。

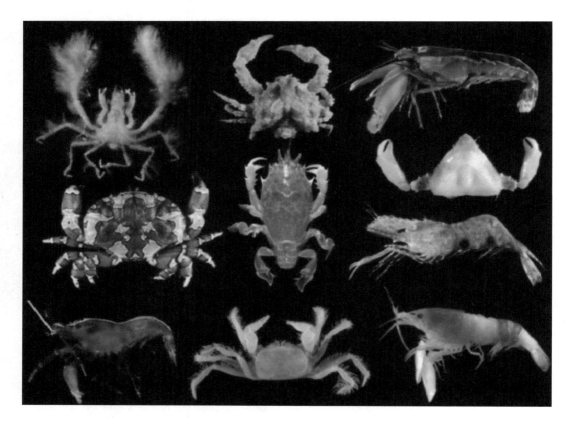

部分海生甲壳亚门种类

　　按传统分类，本门动物一般分成三叶虫亚门Trilobita、甲壳亚门Crustacea（也称双肢亚门Biramia）、有螯亚门Chelicerata及单肢亚门Uniramia 4个亚门。

　　三叶虫亚门为化石种类；甲壳亚门包括桨足纲、头虾纲、鳃足纲、颚足纲及软甲纲，多数为海生种类；有螯亚门包括肢口纲、蛛形纲及海蛛纲，种类很少；单肢亚门包括多足纲和昆虫纲，多数为陆栖种类，海生种类很少。

9.1　肢口纲 Merostomata

　　本纲为大型有螯动物，在古生代的奥陶纪（Ordovician）至二叠纪（Permian）曾繁盛一时（距今4.9亿~2.5亿年前），现生种类只有为数不多的几种鲎，堪称"活化石"。

　　鲎的背部被有青绿色瓢状的甲壳，甲壳可分成前、后两节，之间由关节相连，前节称头胸甲，后节称腹甲，腹甲之后还有一根长而坚硬的尾（剑尾）。头胸甲两侧有2对眼，前内侧为单眼，后外侧为复眼。腹甲的两侧各有6枚棘，排成一列。

　　鲎腹面观，头部有6对附肢，没有触角。头部第1对附肢为螯肢，其余5对为步足，且围绕在口的周围，故名肢口纲。腹部附肢特化为书页状的呼吸器官，称书鳃（Book Gill）。

　　现生种类全球仅有4种，全部生活于海洋中，通称鲎，因头胸甲形如马蹄，习惯称马蹄蟹（Horseshoe Crab）。我国产2种，即中国鲎 *Tachypleus tridentatus* 和圆尾鲎 *Carcinoscorpius rotundicauda*，前者分布在东南沿海，后者仅分布在南海。

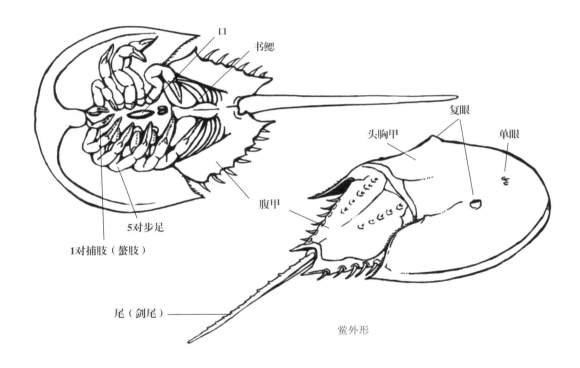

鲎外形

　　中国鲎又名三刺鲎，最大体长可达75 cm，体重达7 kg，而圆尾鲎最大体长在33 cm左右，体重为0.55 kg。圆尾鲎有毒，不能食用，其他鲎虽无毒，但食之无味。

a. 中国鲎 *Tachypleus tridentatus*（♀）；**b**. 圆尾鲎 *Carcinoscorpius rotundicauda*（♂）

中国鲎与圆尾鲎在外形上容易区别，最简单的方法是看"剑尾"的形状，呈圆形、光滑的就是圆尾鲎了。

"蓝色的血液"一词始于鲎。与常见的高等动物不同，鲎的血液是蓝色的，人们开始以为只有鲎才有此血液，因此"蓝色的血液"常与鲎联系在一起，并以之代表鲎。其实凡节肢动物都一样，因为其血细胞中含有铜而呈蓝色，并非鲎所特有，只是大多种类如虾、蟹等个体小，血量不多，容易被忽略。而鲎的蓝色血液确实有一特性，遇革兰氏阴性菌会马上发生沉淀。利用这一特性，医学上常用鲎血制成的鲎试剂，来简单、快速、准确地检验食品、药物等是否被革兰氏阴性菌感染。

鲎平时一般生活在深海区，繁殖季节陆续进入内湾或河口的潮间带沙滩上交配、产卵，这一点与海龟有点相似，所不同的是海龟只有雌体上岸产卵，而鲎则是雌雄一起上岸，而且雌体会驮着雄体，待雌体产完卵后才分开。有人做过实验，产卵前如果一方无故"失联"，另一方会傻傻等待很久，其忠贞程度成为动物界中的美谈。

形影不离的鲎夫妻

　　鲎雌雄异体，且略异形，但差别很小，粗看时也很难辨别。有人统计了大量的雌雄个体，发现了两点：一是雌体的前额为圆弧形，而雄体的前额则有点平甚至内凹；二是雄体腹甲两侧的棘完整，而雌体腹甲两侧的棘，前3枚完整，后3枚几乎已被"磨"光了，如此区别，有人认为与雌体长期驮着雄体而造成的磨损有关。

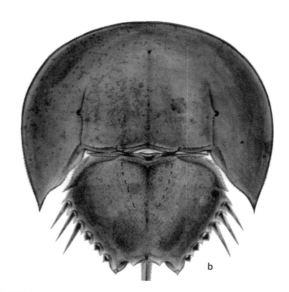

鲎的雌雄个体
a. 雄性♂；**b**. 雌性♀

鲎的卵较大，直径可达2～3 mm，外包一层厚的膜，且具黏性。在合适的温度下，在沙底下约5周后开始孵化，变成"三叶幼体"，外形与三叶虫相似，体长约1 cm。此时，尾刺小、向后不超过腹部，书鳃也只有2对，表现喜好钻沙。后经蜕皮、生长，书鳃变成5对，尾刺也伸长，成为外形与成体相似的幼鲎。幼鲎入水6～8 d后，停止游泳，开始下沉到海底生活。

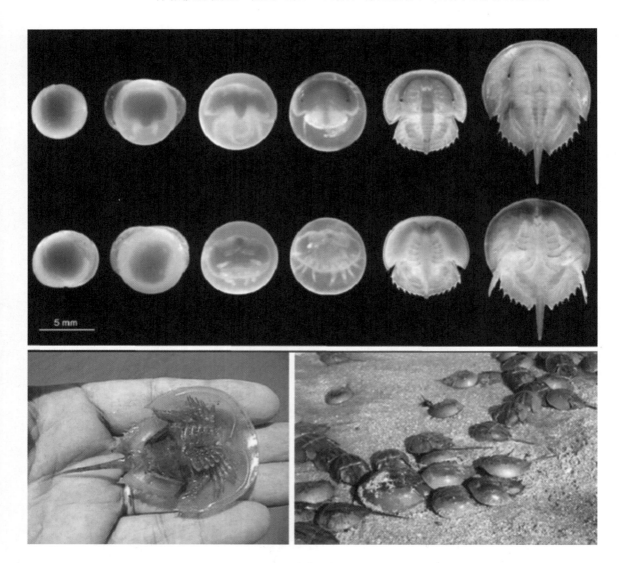

鲎的发育史

鲎很耐饿，最长时间可以连续10个月不进食，生长也缓慢。雄性在9～11龄时才会性成熟，雌性则稍长，一般需10～12龄。有实验证实，美洲鲎的寿命一般是20～40龄。

9.2　鳃足纲 Branchiopoda

鳃足纲为甲壳亚门的一个纲，背甲有或无，身体分为头部和躯干部，多数尾节具尾叉，躯干部体节不与头部愈合。个体小，绝大多数为淡水生，其中有2种在水产养殖业中很有地位。

盐卤虫*Artemia salina*，隶属卤虫科Artemiidae，俗称丰年虫、丰年虾。胸部11节，每节具1对足，腹部8～9节，末节很长。本种分布甚广，在海边的盐场、内陆的咸水湖泊均有生活。常见到的多是雌性个体，通常以孤雌生殖的方式来繁殖后代，只有在环境不良时才出现雄性个体，行有性繁殖，产生休眠卵，渡过恶劣的环境。卤虫的适应力很强，生长迅速，加上卵易保存，并可在人工控制的条件下进行培养，是经济鱼类、虾类以及蟹类幼体的最佳的活体饵料，但价格不菲。

盐卤虫　*Artemia salina*　生活史

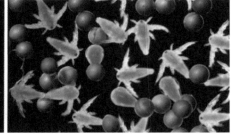

盐卤虫　*Artemia salina*
成体与孵化

枝额虫*Branchinella*，隶属钗额虫科Thamnocephalidae，为古老的小型淡水甲壳动物，我国各地均有分布。活体枝额虫体色鲜艳，有"仙女虾"之称。枝额虫生命周期一般为1～2周，但其生存能力之强，堪称传奇，即使在干涸的湖底，它的卵可以忍受几年的高温烘烤与土壤冰冻，一旦遇到合适的水温和降雨，仍然可以孵化，获得新生。有人做过实验，将卵放入水中煮沸，再冷却，卵的孵化能力不变。研究发现，仙女虾的卵壳有一个特殊的"隔热层"，以此成为唯一能在沸水中仍保持生命的动物。

枝额虫　*Branchinella sp.*

9.3　颚足纲 Maxillopoda

　　颚足纲Maxillopoda中的鳃尾类Branchiura是一个特殊的外寄生类群，主要寄生在水生动物的体表，俗称"虱"。身体近圆形，背腹扁平，头胸甲盾状，眼无柄，腹部退化，不分节，呈鳍状。胸肢双肢型。个体长一般仅几毫米。

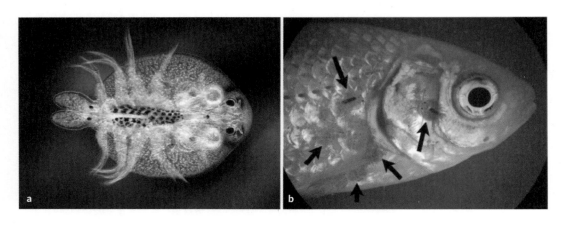

鲤鲺外形及寄生
a. 鲤鲺 *Argulus foliaceus*；**b**. 寄生的淡水鱼类

　　桡足类Copepoda是颚足纲Maxillopoda的一大类群，为分布最广的一类小型甲壳动物，绝大部分营浮游生活，俗称"水蚤"。通常个体长在0.5～10 mm，个别大洋性种类体长也可达15 mm。

　　浮游生活的桡足类无头胸甲，身体分为前体部和后体部，前体部较为宽大而具附肢，后体部较细小，仅有1对退化的附肢或无附肢。第1触角单肢型，细长，分节，位于头部前端两侧，以此构成其标志性的特征。

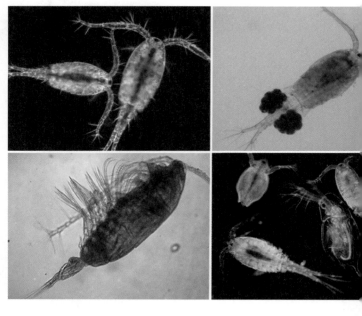

浮游桡足类外形

桡足类广泛分布于海洋、湖泊、水库、池塘、稻田沼泽、内陆咸水，甚至井水、泉水、岩洞等，特别是湖泊、池塘等富养型水体，桡足类的数量十分丰富，是经济鱼类、虾类、蟹类等幼体不可或缺的天然饵料。某水域桡足类的丰度，常作为该水域生产力大小的重要依据。许多鱼类专门捕食某些桡足类，因而特种桡足类的分布和鱼群的洄游路线密切相关，可作为寻找渔场的标志。某些桡足类还与特定的海流（如暖流、寒流）相随，因而又可作为海流、水团的指标性生物。

蔓足类Cirripedia是颚足纲Maxillopoda动物中的另一特殊类群。体被坚硬的石灰质壳板，外形上与贝类相似，栖息范围从潮间带直到深海，尤以潮间带和浅海为多，营集群性固着生活，许多人常误以为是贝类。常见的有茗荷、龟足、藤壶和蟹奴等，是海洋中最有名的污损生物，其中蟹奴为寄生种类。

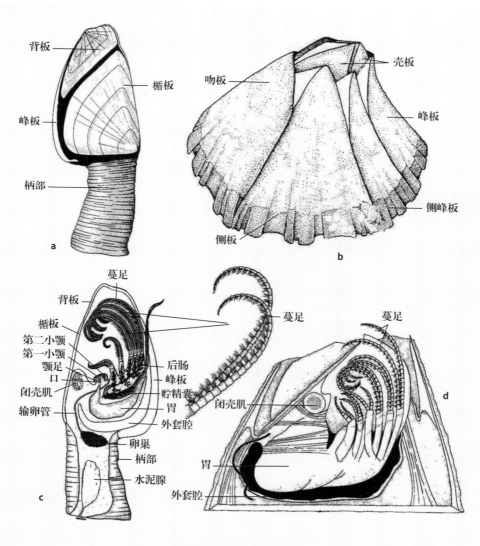

蔓足类外部形态及内部结构

a. 有柄类外形；**b**. 无柄类外形；**c**. 有柄类内部结构；**d**. 无柄类内部结构

茗荷为有柄类，身体分为头部和柄部。头部具5片白色壳板而形成壳室，外观瓷白色，壳板内有略呈虾状的体躯，头胸部具发达的6对胸肢，双枝型，多节，曲卷呈蔓状，故称为蔓足。腹部退化，末端常具尾叉。成体只有单眼。柄部表面光裸，粗壮，污黄褐色。成群固着在海洋丢弃的漂浮物上，外观似一地白蚁，张牙舞爪，令人感到恶心。

我国沿海常见的有鹅茗荷 *Lepas anserifera*、龟茗荷 *Lepas testudinata*、茗荷 *Lepas anatifera* 3种，均为固着性种类，以柄部末端固着于浮木、浮石、浮码头、张网竹框、浮标、船底，甚至蟹类体表。

我国沿海常见茗荷
a. & b. 鹅茗荷 *Lepas anserifera*；**c. & d.** 龟茗荷 *Lepas testudinata*

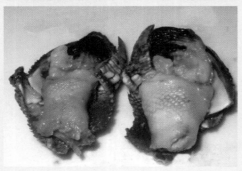

海中佛手——龟足 *Pollicipes mitella*

龟足 *Pollicipes mitella* 属有柄类，俗称佛手、石砌，我国沿海只记录1种。生活于海浪冲击激烈的中低潮带的岩石缝隙中，常密集成群。头状部侧扁，壳板白色外被淡绿褐色外皮，由楯板、背板、上侧板、峰板、吻板等8块大的主要壳板及基部的一排约24片小型壳板组成，壳板表面有明显的生长纹。柄部软而呈黄褐色，外被有细小圆形的石灰质鳞片，有规则地紧密排列。柄部富肌肉质，可伸缩。

本种因柄部多肌肉，沿海居民常采之为食，味鲜美。药理实验观察，龟足的各种制剂有明显的利尿作用，与《本草纲目》所载"利小便"功效相符，还发现龟足对中枢神经系统有一定的抑制作用。

藤壶的种类较多，个体大小及体型变化也很大，与茗荷类最大区别是没有"柄部"。绝大多数成体营固着生活，常见于岩礁、贝壳、珊瑚礁、漂浮的木块及其他物体上，甚至鲸、龟等体表。少数种类也营寄生生活。由于外壳石灰质，长期以来被认为是软体动物（贝类），直到19世纪30年代，发现藤壶幼虫后，才被列入甲壳动物。

各种常见藤壶

a. 致密藤壶 *Amphibalanus improvisus*；**b**. 星状小藤壶 *Chthamalus stellatus*；**c**. 三角藤壶 *Balanus trigonus*；
d. 鲸藤壶 *Coronula diadema*；**e**. 龟头藤壶 *Balanus balanoides*；**f**. 龟藤壶 *Chelonibia sp.*；**g**. *Tetraclita rubescens*；
h. *Perforatus perforatus*；**i**. *Balanus glandula*

蔓足类多数为雌雄同体，异体受精、体内受精，个别种类也能自体受精。幼体发育经过无节幼体、腺介幼体，经短期浮游生活后，下沉，如遇合适的基质，即由胶质腺释放胶质，开始永久性的固着生活。外壳由壁板底缘及侧缘的外套膜所分泌，肉质部的生长与其他甲壳动物一样，通过蜕皮。

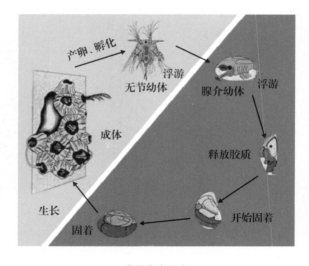

蔓足类生活史

盐水藤壶、藤壶炖蛋

藤壶，在我国各地都有不同的俗称，如簇、触嘴、触、锉、锉壳、曲嘴、马牙等，四季可采。虽作为污损生物之一，但本身又是一道美味的海鲜，蛋白质含量高，营养丰富，尤其是富含人体必需的氨基酸。抱卵（俗称带籽）季节，其可食部分更多，且味更鲜。食用方法繁多，一般为清蒸鲜食，也有重盐腌之，加酒糟，即"糟簇"，或晒干煮汤。据传统医学记载，藤壶味咸，性凉，归胃经。壳能制酸止痛，肉有解毒疗疮之功效。主治胃痛吞酸、水火烫伤、小儿头疖、疔疮肿毒等。

蟹奴Sacculina sp.，为一种常见的寄生蔓足类，因常寄生于蟹类的腹部而得名。雌雄同体，既无口器，也没有附肢，只有发达的生殖腺及外被的外套膜，营纯寄生生活。体分内、外体两部分：外体呈柔软而椭圆的囊状，位于蟹的腹部，包括柄部及孵育囊。内体为分枝状细管，伸入寄主体内，深至蟹体躯干与附肢的肌肉、神经系统和内脏等组织，用以吸取蟹体营养，导致被寄生的蟹类极度消瘦，即常说的"蟹奴病"。

蟹奴 Sacculina sp. 的生活史
a. 无节幼体；**b**. 腺介幼体；**c**. 成体；**d**. 在蟹腹部寄生

9.4 软甲纲 Malacostraca

软甲纲是个大纲，现生海生种类多达32 590余种，占已知海生节肢动物门物种数的56%以上。

本纲动物的基本体型是体分节，且节数恒定，除尾节外，身体分为19节（少数20节），其中头部5节、胸部8节、腹部6节（叶虾类Leptostracan为7节）。头胸甲发达，包被头部和全部或部分胸节；每个节体各有1对附肢。头部附肢前2对为第一和第二触角，为感觉器官，后3对附肢与胸部的前3对附肢组成口器；后5对胸肢称步足，大多为双肢型；腹部前5对附肢也是双肢型，称游泳肢，有些种类（真虾类）的腹肢还有抱卵功能，最后的腹肢称尾肢。

本纲动物多雌雄异体，生殖孔位置一定，雌性生殖孔位于第6胸节，雄性生殖孔位于第8胸节。总体结构和机能较其他各纲更为发达，身体平均大小也比其他甲壳动物大，我们所熟悉的虾、蟹等经济种类属于本纲。

根据不同形体特征，软甲纲分为3亚纲，16个目。

■ 口足目 Stomatopoda

本目现存种类480余种，全部是海产，我国沿海已记载的有80种，主要特征为体扁平而延长，额角呈片状，能自由活动。头胸甲短小，未覆盖全部头胸部，胸部后4节露在头胸甲外。前5对胸肢为单肢型，称颚足，后3对为双肢型，称步足，露于头胸甲之外。腹肢具内附肢。尾节扁平宽大，后缘具强棘，体背面有纵脊。

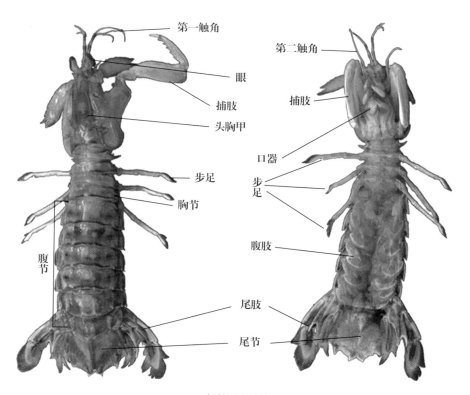

虾蛄形态结构

本目种类通常生活于热带、亚热带浅海水域，成体栖息于底质较软的海底，挖洞而居。有时也潜居于牡蛎、岩石与珊瑚之间的洞隙中。

本目中最常见的是口虾蛄*Oratosquilla oratoria*，也称东方虾蛄，俗称皮皮虾、虾耙子、虾公驼子、富贵虾、螳螂虾、琵琶虾等虾蛄，领地性极强，性凶残，且生性好斗，欺小凌弱不说，还敢于同章鱼、梭子蟹等豪强一族拼搏。

口虾蛄哪来的勇气敢与强敌争斗？这与其身体结构有关。首先是它的头胸甲很短，四个胸节露在外面，胸部能朝腹面自由弯曲。其次是有强大的捕肢（也称掠肢），且外缘呈栉状齿，极具杀伤力，可有效御敌及捕食。另外，它有潜望镜似的双眼，警觉及反应能力倍增。

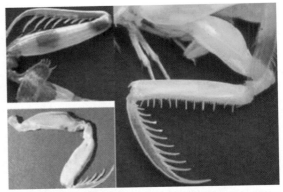

口虾蛄 Oratosquilla oratoria 的捕肢

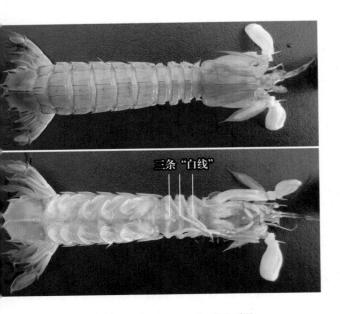

口虾蛄 Oratosquilla oratoria 背腹面观

口虾蛄的食用价值主要是指肉和膏，因而不同的季节质量相差悬殊。口虾蛄秋季(9～10月)进行交配，交配后雌体性腺迅速发育，至翌年春季(约4月)产卵，产出的卵抱于颚足间，然后孵化、变态。从交配至产卵前，是口虾蛄最主要的食用季节，其中农历正月前后一般最肥美。在广东潮州一带曾有民谣"正月虾蛄不给亲，二月虾蛄肉变轻，三月虾蛄有如无，四月虾蛄往厕丢"之说。不同纬度的虾蛄性腺发育时间有所不同，通常是由南向北推迟。如何判别虾蛄是否肥美，一般在外观上可以鉴别，最简单的方法，是从腹面看胸部外露的四个胸节，如果胸节之间都有一条白线，即表示有"膏"。

■ 十足目 Decapoda

　　十足目为甲壳纲中种类数量最多的一个目，仅海生种类就达13 300多种，主要包括我们常见的虾类、蟹类等最重要的经济种类，其主要特征是头部与胸部愈合，外包发达的头胸甲，胸部的后5对附肢变成步足，即为"十足"目名称的由来。

　　甲壳动物的生活史中有两点很有意思：一是发育过程中有变态，即刚孵化的幼体与亲体甚至完全不一样，要经过多次变态后变成与亲体一样，而不同种类的幼体形态与名称也不一样。

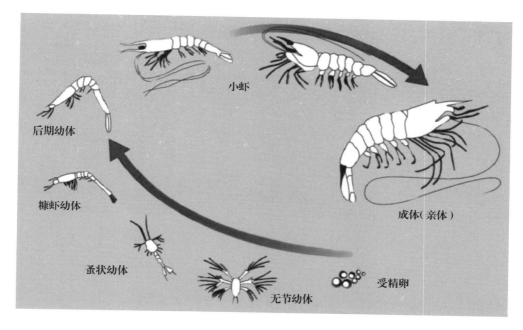

对虾类的生活史

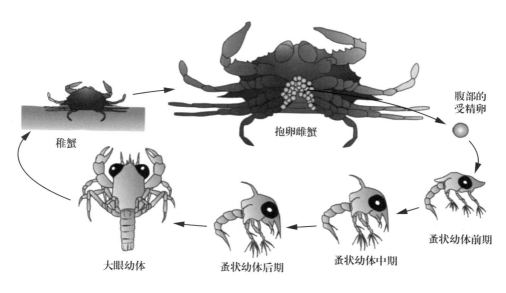

蟹类的生活史

二是生长过程中要经常蜕皮，只有蜕一次皮（壳）才能长一点。

龙虾的蜕皮过程

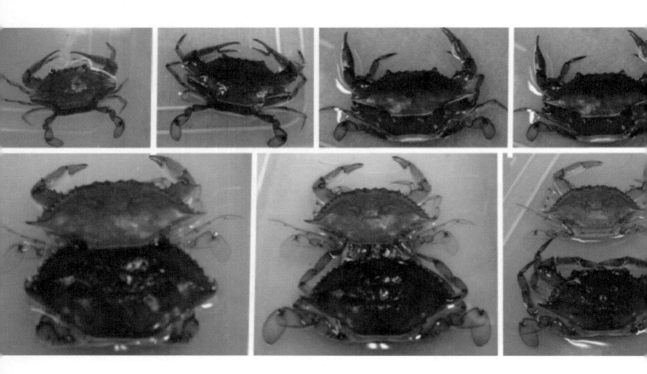

梭子蟹的蜕皮过程

按传统分类，本目种类包括长尾类（虾类）、短尾类（蟹类）、异尾类（寄居蟹类）以及中间一些过渡类型。

通常所说的虾类，还有狭义和广义之分，前者仅指对虾、真虾和猬虾三类，后者还包括螯虾、龙虾、扇虾、扁虾及蝉虾等。

虾类身体通常侧扁，略呈圆筒形，少数种类则向扁平形发展。身体一般可分为19节，其中头部5节，胸部8节，腹部6节。头部与胸部愈合成头胸部，外包头胸甲，体节难辩，而腹部发达，体节明显。

虾类的各体节都有附肢，俗称须，其中头部有5对，胸部8对，腹部6对。头部附肢依次为第一触角、第二触角、大颚及2对小颚，胸部前3对附肢称颚足，后5对为步足。腹部附肢通称腹肢，特殊种类也称游泳肢，或游泳，或抱卵。附肢的形态、分节数，双肢型或单肢形，以及呈螯状或钳状、指状等，都是种类分类的重要依据。

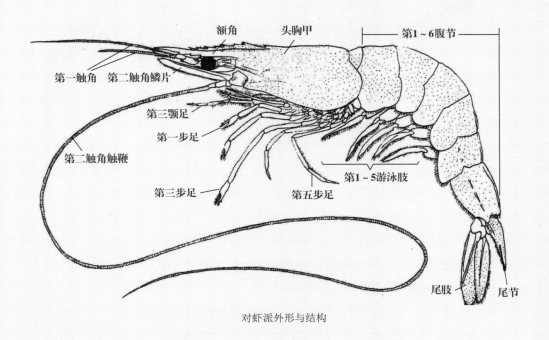

对虾派外形与结构

狭义中的虾类仅指对虾、真虾和猬虾3个派，"派"一般为亚目以下、科以上的传统分类阶元。

对虾派的种类很多，共同特点是腹节的前侧甲后部覆盖后侧甲前部，呈鱼鳞状排列，前三对步足呈钳状，卵直接产于海水中，不抱于腹部。

大型的对虾都具有发达的游泳器官，营游泳生活，如中国明对虾、日本囊对虾等每年都要洄游上千千米。一些小型虾类则营浮游生活，如毛虾、樱虾、莹虾、须虾等。常见经济种类有中国明对虾*Penaeus chinensis*（俗称明虾）、南美白对虾*Penaeus vannamei*、日本囊对虾*Marsupenaeus japonicus*（俗称日本对虾、竹节虾、车虾）、哈氏仿对虾*Parapenaeopsis hardwickii*（俗称滑皮虾）、中华管鞭虾*Solenocera crassicornis*（俗称红虾）、高脊管鞭虾*Solenocera alticarinata*（俗称红虾）、鹰爪虾*Trachysalambria curvirostris*（俗称沙虾、立虾）等。

我国沿海常见对虾

a. 中国明对虾 *Penaeus chinensis*；**b**. 日本囊对虾 *Marsupenaeus japonicus*；**c**. 南美白对虾 *Penaeus vannamei*；
d. 哈氏仿对虾 *Parapenaeopsis hardwickii*；**e**. 中华管鞭虾 *Solenocera crassicornis*；**f**. 鹰爪虾 *Trachysalambria curvirostris*

　　真虾派的特征是第二腹节的侧甲既覆盖第一腹节侧甲，也覆盖第三侧腹甲的侧甲，只有前2对步足呈钳状。受精卵抱于腹部，在其腹部附肢上孵化。

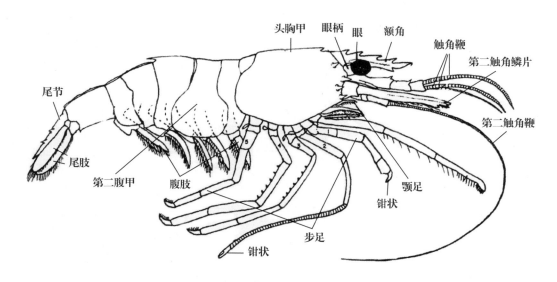

真虾派外形与结构

真虾派有海水，也有淡水种类，大多为小型虾类，常见的有脊尾白虾*Exopalaemon carinicauda*、葛氏长臂虾*Palaemon gravieri*、罗氏沼虾*Macrobrachium rosenbergii*、鞭腕虾*Lysmata vittata*等。

真虾派的种类也有一定游泳能力，但游泳能力远不如对虾派的种类，多数属底栖性种类，大部分时间是在底表活动，如长臂虾、沼虾等，有些种类，如藻虾，则常附于海藻上，管鞭虾则常潜居于海底的泥沙中，少数种类甚至行穴居生活，或在浅海的岩礁间缓慢爬行，或与其他无脊椎动物如珊瑚、海绵或棘皮动物等共栖。

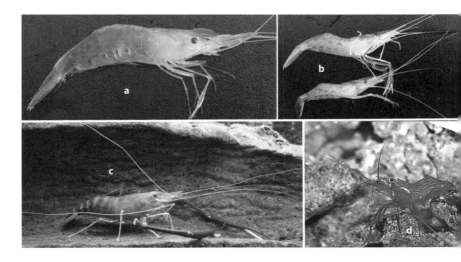

我国常见的真虾派种类

a. 脊尾白虾 *Exopalaemon carinicauda*；**b**. 葛氏长臂虾 *Palaemon gravieri*；
c. 罗氏沼虾 *Macrobrachium rosenbergii*；**d**. 鞭腕虾 *Lysmata vittata*

猬虾派虾类

a. 猬虾 *Stenopus hispidus*；**b**. *Stenopus spinosus*；
c. *Spongicola sp.*；**d**. 日本丽虾 *Spongicola japonica*

猬虾派虾类的头胸甲及腹部表面常有棘刺，形似刺猬，故名猬虾。前3对步足也是钳状，腹节侧甲排列正常，与对虾类似，但第三对或一侧步足特别强大，呈"螯"状，产卵时也抱卵。大部分产于暖海，种类不多，经济意义不大。常见的有猬虾*Stenopus hispidus*，南方产。此外，在东海和南海100～200 m较深水域中有一种俪虾*Spongicola venustus*，与偕老同穴共生。

螯虾派体呈圆柱形，与虾相似，但第一对步足长有类似蟹类的"大螯"，故名螯虾。如我们平常所说的小龙虾、美洲龙虾等都属螯虾派。

美洲螯龙虾，也称波士顿龙虾、大西洋龙虾，分布于大西洋的北美洲海岸，生活于浅海的岩礁或在沙砾质海底，以鱼类、其他小型甲壳类及贝类为食，偶尔也摄食海藻，据记载其最大体重可达20.14 kg。

克氏原螯虾，俗称小龙虾、红螯虾和淡水小龙虾，为外来物种，已在我国有广泛分布，属淡水经济虾类，成体长5.6～11.9 cm，因肉味鲜美广受人们欢迎。

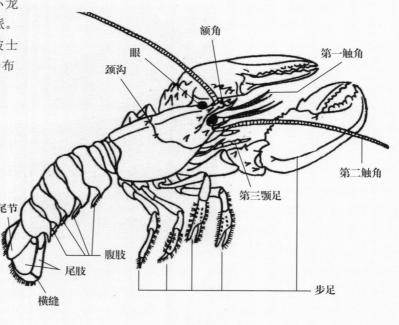

螯虾派形态与结构

市场常见的螯虾
a. 克氏原螯虾 *Procambarus clarkii*；**b**. 美洲螯虾 *Homarus americanus*

龙虾派的种类体较平扁，与上述种类相比，头胸部发达，头胸甲逐渐变宽。此外，步足构造相同，通常都不呈钳或螯状。全球龙虾约有60种，我国也产十几种。大多数龙虾体色艳丽，配上一对修长有力的触角鞭，看似王者，故有龙虾之称，但其实它不会游泳，只能爬行，又缺少诸如"大螯"这样的自卫武器，遇上嘴尖齿硬的天敌，混战的结果通常是作为人家的"腹中佳肴"。

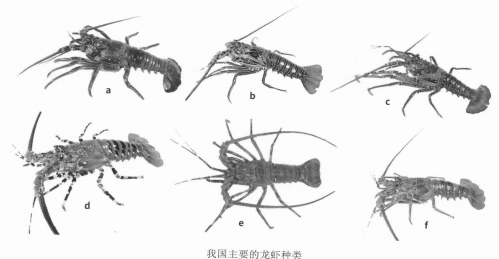

我国主要的龙虾种类

a. 密毛龙虾 *Panulirus penicillatus*；　**b**. 杂色龙虾 *Panulirus versicolor*；　**c**. 长足龙虾 *Panulirus longipes*；
d. 锦绣龙虾 *Panulirus ornatus*；　**e**. 中国龙虾 *Panulirus stimpsoni*；　**f**. 波纹龙虾 *Panulirus homarus*

蝉虾、扁虾及扇虾，虽说也都称"虾"，但其实是虾与蟹之间的过渡类型。背腹逐渐趋于扁平，同时头胸甲变宽，宽度先是接近，最后超过头胸甲的长度，腹部随之缩小，功能弱化。有学者推测，可能逐渐向爬行的蟹类发展，由此估计虾和蟹起源于同一祖宗，而且有很近的亲戚关系。

蝉虾、扁虾和扇虾的体形变化

a. 蝉虾 *Scyllarus sp.*；　**b**. 东方扁虾 *Thenus orientalis*；
c. 九齿扇虾 *Ibacus novemdentatus*；　**d**. 毛缘扇虾 *Ibacus ciliatus*

蟹类，其明显特征是身体相对平扁，头胸甲变宽，通常大于长度。腹部缩短变小，甚至大部分种类卷曲在头胸甲的腹面，习惯称"脐"。第一对步足强大，呈螯状。

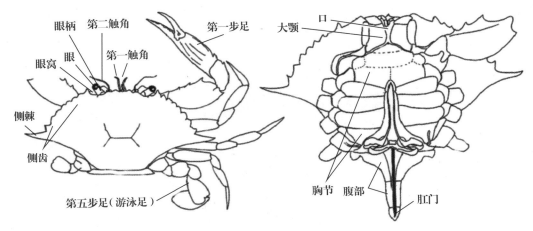

梭子蟹的外形结构

蟹的种类繁多，通常也有狭义与广义之分。狭义的蟹类仅指短尾派的种类，包括蛙蟹亚派、尖额亚派、尖口亚派、方额亚派以及绵蟹亚派等；广义的蟹类还包括异尾类的寄居蟹。

蛙蟹亚派种类稀少，属于蟹类中较为原始的一个类群。头胸甲纵长，侧面密生长毛。额部有3齿，腹部窄小，没有完全曲折于头胸部之下。螯足对称，其余步足末端呈铲状，如蛙蟹*Ranina ranina*。生活时的行为动作与蛙相似，故而得名。

我国见于南海产，东海也偶有出现，为少见种。

绵蟹亚派大多数种类个体很小，常见的以绵蟹*Lauridromia dehaani*个体最大，体呈球形，除大螯指节、口腔外，体表被有致密的黑褐色绒毛，故名绵蟹。额窄，齿3个，中齿退化。最后1～2对步足退化变小，位于背上。大螯指节光滑并呈红色。

我国沿海均有分布，通常生活于水深200 m以内的浅海里，部分生活于沿岸带的浅水区。

常见的蛙蟹与绵蟹

a. 蛙蟹 *Ranina ranina*；**b**. 绵蟹 *Lauridromia dehaani*；**c**. *Lauridromia intermedia*

尖口亚派的种类头胸甲变化较大，常见的有关公蟹科Dorippidae、馒头蟹科Calappidae和玉蟹科Leucosiidae。关公蟹科Dorippidae的种类头胸甲近方形，且短，背面有类似京剧中的"脸谱"，有些种类还酷像关公，故有"关公蟹"之称。腹部没有完全折叠于头胸甲腹面，末2对步足位于背上。其余科的大多种类步足位于头胸甲的腹面。馒头蟹科Calappidae的种类头胸甲呈半球形，在我国北方俗称元宝蟹，为食用蟹类之一。玉蟹科Leucosiidae种类的头胸甲呈卵圆形或近圆形，壳厚而坚实，小巧玲珑。

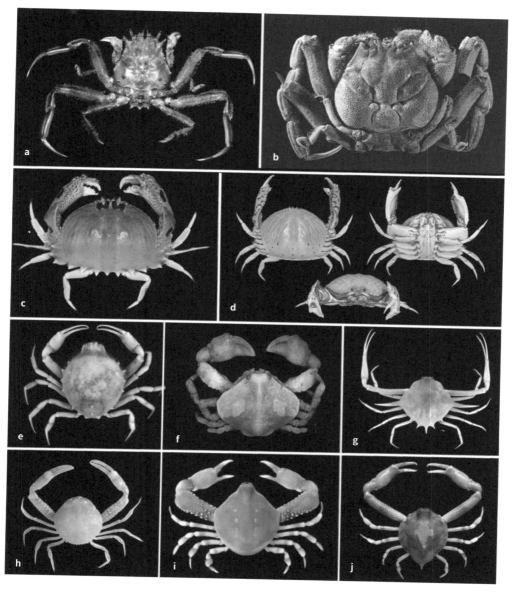

尖口亚派常见种类

a. 四齿关公蟹 *Dorippe quadridens*；　**b**. 中华关公蟹 *Dorippe sinica*；　**c**. 遥馒头蟹 *Calappa philargius*；
d. 卷折馒头蟹 *Calappa lophos*；　**e**. 海洋拟精干蟹 *Pariphiculus mariannae*；　**f**. 坚壳蟹 *Ebalia tumefacta*；
g. 七刺栗壳蟹 *Arcania heptacantha*；　**h**. 拳蟹 *Philyra sp.*；　**i**. 玉蟹 *Leucosia sp.*；　**j**. 适行长臂蟹 *Myra fugax*

尖额亚派Oxyrhyncha的蟹类头胸甲略呈三角形，前端较窄，额区向前突出，形成额角。主要有膜壳蟹科Hymenosomatidae、蜘蛛蟹科Majidae和菱蟹科Parthenopidae 3科。

尖额亚派 Oxyrhyncha 的蟹类

蜘蛛蟹科 *Majidae* （**a**. *Leptomithrax sp.*；**b**. *Naxia sp.*；**c**. *Schizophrys aspera*）；
菱蟹科 *Parthenopidae* （**d**. *Daldorfia horrida*；　**e**. *Enoplolambrus sp.*；　**f**. *Parthenope sp.*）

方额亚派Brachyrhynchar，头胸甲通常呈卵圆形、圆形或方形，宽大于长。额角退化或无，口前板发达，口腔方形。眼窝多完整。

本亚派的种类最多，常见的主要有梭子蟹科Portunidae、扇蟹科Xanthidae、长脚蟹科Goneplacidae、束腰蟹科Parathelphusidae、华溪蟹科Sinopotamidae、豆蟹科Pinnotheridae以及和尚蟹科Mictyridae、方蟹科Grapsidae、沙蟹科Ocypodidae等。

梭子蟹科Portunidae种类的头胸甲近梭形，且末对步足扁平，呈桨状，适于游泳，故有"Swimming Crab"之称。大部分是我国最重要的经济种类，主要生活在浅海，部分种类如三疣梭子蟹、拟穴青蟹（曾称锯缘青蟹）已可人工育苗和养成。

束腰蟹科Parathelphusidae、华溪蟹科Sinopotamidae、和尚蟹科Mictyridae、方蟹科Grapsidae、沙蟹科Ocypodidae等为潮间带常见小型种类，豆蟹科Pinnotheridae则为共生或寄生种类。

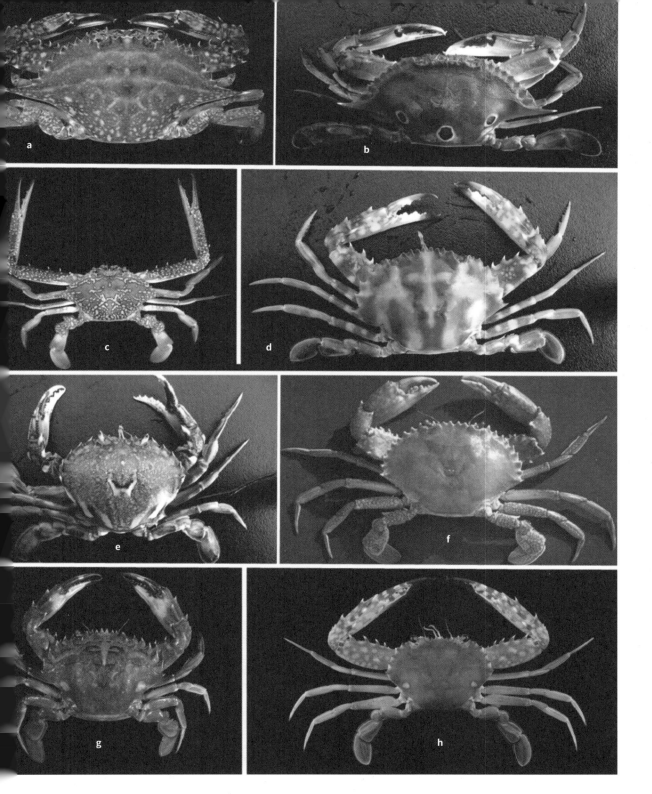

常见梭子蟹科 Portunidae 的种类

a. 三疣梭子蟹 *Portunus trituberculatus*；**b**. 红星梭子蟹 *Portunus sanguinolentus*；**c**. 远海梭子蟹 *Portunus pelagicus*；

d. 锈斑蟳 *Charybdis feriatus*；**e**. 细点圆趾蟹 *Ovalipes punctatus*；**f**. 拟穴青蟹 *Scylla serrate*；

g. 日本蟳 *Charybdis japonica*； **h**. 武士蟳 *Charybdis miles*

扇蟹科Xanthidae为小型蟹类，种类繁多，多见于岩礁质浅海，或珊瑚丛中，大多种类多彩，且造型美观。

扇蟹科 Xanthidae

a. *Actaeodes hirsutissimus*； **b**. *Alainodaeus akiaki*； **c**. *Atergatis floridus*； **d**. *Atergatopsis signatus*；

e. *Banareia fatuhiva*； **f**. *Demania mortenseni*

长脚蟹科Goneplacidaer为泥质浅海的常见种类，其明显特征是第一步足特别长，故而得名。

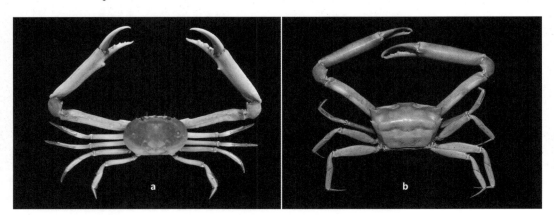

长脚蟹科 Goneplacidaer

a. *Carcinoplax longimanus*； **b**. *Goneplax rhomboides*

束腰蟹科Parathelphusidae、华溪蟹科Sinopotamidae、沙蟹科Ocypodidae和尚蟹科Mictyridae、方蟹科Grapsidae、Dotillidae等均为小型蟹类，多见于泥质潮间带，少数种类也分布于淡水或咸淡水中。

圆球股窗蟹Scopimera globosa，分布于南方的沙滩上，个体仅黄豆大小，但各种动作却颇为敏捷、"艺术"。每当潮水退去，它们就迫不及待地从洞穴中钻出，以惊人的速度"滤砂"，"挖""滤""抛"一气呵成，熟练程度堪称一绝。以此获取砂中的有机物，而在洞穴周围堆积的"砂球"很有规则，远、近看都是一幅精美的作品，故人们将圆球股窗蟹称作为"沙滩美术家"。

短趾和尚蟹Mictyris brevidactylus也是生活在南方泥滩上的蟹类，这种蟹具极高的智慧：一是它从不单独行动，而是"集团式"出没；二是当海水上涨时，整个集团能魔术般的快速"消失"，原因是它的挖穴能力超强。

方额亚派的小型种类
a. 锯齿华溪蟹 *Geothelphusa candidiensis*；**b**. 台湾束腰蟹 *Somanniathelphusa taiwanensis*；
c. 圆球股窗蟹 *Scopimera globosa*；**d**. 短趾和尚蟹 *Mictyris brevidactylus*

招潮蟹是沙蟹科Ocypodidae中最常见的种类，多穴居于港湾的沼泽泥滩上。雌性两螯小，且大小相同，雄性两螯一大一小，相差悬殊，大螯长可超过头胸甲的几倍，故有"肢比体大——世界奇异动物"之称。每当潮水起涨，常会面朝大海挥舞大螯，似在招潮，故名招潮蟹。另有人认为"招潮"的姿势极像是在拉"提琴"，故称其为"提琴蟹"（Fiddle Crab）。研究发现，大螯颜色鲜艳，且配有特别的图案，主要是体现"雄性"，其次才与打斗有关，而小螯则用以取食。

各种招潮蟹（Fiddler Crabs）

中华绒螯蟹 *Eriocheir sinensis*

中华绒螯蟹*Eriocheir sinensis*是我国最重要的经济蟹类之一，因其大螯内外缘密生绒毛以及穴居生活于江河湖泊或水田周围的水沟内，习惯称其为河蟹、毛蟹、大闸蟹，而归于淡水物种。其实它穴居于淡水环境只是生活史中的一个阶段，随着性腺发育与成熟，最后它还得回到大海中去繁殖。往年沿海围堤少，每到深秋季节，成群的河蟹可轻松穿越芦苇荡，走向深海。曾有记载，"一灯水浒，莫不郭索而来，悉可俯拾"。（"郭索"古时指螃蟹）

豆蟹科Pinnotheridae的种类也是生活在浅海的一类小型蟹类，常见个体的体积只有黄豆大小，故有豆蟹（Pea Crab）之称，也有人戏称它为蟹类中的侏儒。它们常寄生在双壳类的壳内，有时也与水母、海葵等共生。寄生的结果，自然是使寄主苦不堪言。

豆蟹（Pea crab）

从虾类尾部的变化可以看出，虾与蟹本来就是"一家"，它们之间有很近的亲缘关系，由长尾发展到短尾，适应环境的能力提升了，这可以说是一种完美的进化。但在自然界中，生物的进化方向或结果并非单一，异尾派可能就是这种例子。

异尾派Anomura的种类不少，通常包括海蛄虾科Thalassinidae、美人虾科Callianassidae、蝼蛄虾科Upogebiidae、铠甲虾科Galatheidae、寄居蟹科Paguridae、石蟹科Lithodidae、蝉蟹科Hippidae等，体型变化特别大，有的像虾，有的像蟹，但与真正虾蟹相比，在体型、构造上有许多不同之处。最具代表性的为寄居蟹。

各类寄居蟹（Hermit crabs）

寄居蟹的身体由两部分组成：一部分是螺壳，作为它的居室；另一部分是变形了的"蟹"。二者合而为一，缺一不可。从外形上看，寄居蟹的"螺壳"显然不是自己分泌的。有人猜测，当寄居蟹要换壳时，会先看中某一个螺，将其吃掉，再将螺壳霸占，螺壳就是它的战利品。这种说法可能依据不足，因为寄居蟹一般吃不了螺，观察发现，寄居蟹的壳是"拣"来的，在海底，各种废弃、死亡的螺本来就很多，小的如荔枝螺、单齿螺、织纹螺及蜓螺，大点的有梯螺、骨螺、红螺、蝾螺、琵琶螺以及大型的鹑螺等。

寄居蟹的身体与螺壳的吻合也称得上"天衣无缝"。寄居蟹的第一步足（大螯）与一般的蟹无异，用以捕食和御敌。第二、三对步足较粗长，足以负重步行。第三、四对步足细小，用于壳内壁支撑，保持身体稳定。腹部柔软，长而弯曲，可以适应壳内空间，尾扇则能随意在壳内勾、卡，保持身体与螺壳紧密联动。

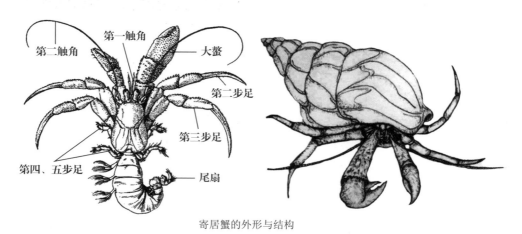

第二触角　第一触角　大螯　第二步足　第三步足　第四、五步足　尾扇

寄居蟹的外形与结构

随着个体的长大或雌性抱卵时，寄居蟹就要更换"房屋"，所以寄居蟹的一生，找壳、量壳、"乔迁"新房，是它生活的内容。有时，几尾寄居蟹同时看中一螺壳，相互之间还会发生激烈的争抢，在大型纪录片《蓝色星球》中就有这么一段精彩的视频。

即将"乔迁新居"的寄居蟹

许多寄居蟹也有令人叫绝的智商，它们为了躲避敌害或捕食方便，常将一些海绵或海葵千方百计地粘到外壳上，既可利用海绵或海葵引诱其他小动物，以便寄居蟹近距离捕食，又可借此躲避强敌。而海绵或海葵则也利用寄居蟹的四处爬动，获得更充足的食物。

善于伪装的寄居蟹

十足目的种类除了传统的分类外，还有习惯的一些称谓，如"长尾类""短尾类"等，确也使初历者难以理解。其实，传统的分类只按"行为"分类，擅长游泳的虾类为游泳亚目，不擅长游泳的，特别是蟹被划成爬行亚目，游泳亚目只有对虾、真虾及猬虾3个派（分类阶元），其余均属爬行亚目。必须说明的是，动物的"行为"是相对的，仅指主要生活方式或行为而已，如果说绝对的，那有时候虾也会爬，而大部分蟹也会游，正所谓"狗急跳墙"，鸡一急，也会飞。习惯中的"长尾类""短尾类"则是指形态上的差异。虾类有粗壮的"腹部"，也即我们平时的食用部分，在进化的中间类型中称"尾"，

而在蟹类中则称"脐"，如常说的"圆脐""尖脐"。根据"腹部"（尾部）的相对长短，只有蟹类才是短尾，甚至原来的"尾"卷曲在头胸甲的腹面，变成"脐"了。

蟹类的脐，是区别雌雄的主要依据。大多数雄性个体的脐为尖形，而成熟雌性个体则为半圆形，未成熟的雌性（最后一次蜕皮前）为三角形。其实外形上的尖与圆也是相对的，不同的种类也有差异，最科学的办法是打开"脐"，观察它的腹部附肢，有1～2对附肢的则为雄性，用作交接器，而雌性附肢则有4对，且分内、外肢，还着生刚毛，用以抱卵时黏附受精卵粒。

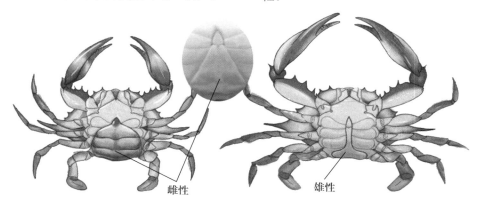

雌性　　　　　　雄性

蟹类的两性外观区别

10 苔藓动物门
Bryozoa

人们常常会将苔藓动物与苔藓植物混同，其实苔藓动物也是一类真体腔动物，只是因外形与苔藓植物相似而得名。

苔藓动物都是群体且营固着生活，群体中的每个个体都很小，通常在1 mm以下，外被一个由外胚层分泌的角质或钙质的虫室，这点与珊瑚虫有点相似。各个体头部不明显，前端体壁外突，于口周围形成圆形或马蹄形的触手冠，也称总担，为其摄食器官。触手冠因其长有触手，触手具纤毛而得名，肛门开口于总担的外侧，故又名外肛动物（Ectoprocta）。

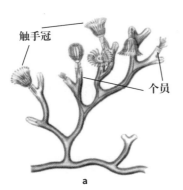
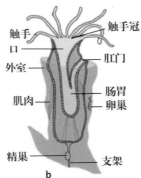
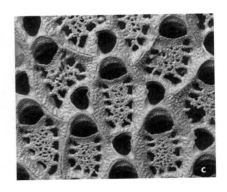

苔藓动物基本结构
a. 苔藓动物群体；**b.** 个员；**c.** 群体壳室

苔藓动物以海洋微小悬浮物为食，捕食时，触手冠伸出体外，触手冠上的触手伸展成触手钟，当水流经过触手钟时，食物颗粒即被触手冠上部截留，聚集在口的上部，然后再进入富有弹性的咽内，并借咽的膨胀，吸入胃中。

苔藓动物为雌雄同体，精巢和卵巢均无输导管，繁殖时，生殖细胞先输入体腔内，由体腔孔逸出体外。纵观苔藓动物的结构，苔藓动物属于一类低等的动物，没有呼吸、循环、排泄系统，以及类似于高等动物的视觉、听觉器官。据研究，控制虫体活动的唯一中枢机构是位于虫体顶端、口和肛门之间的类球形神经节。

全球现生海生苔藓动物约有6 140种，主要分布于温带海域。分为被唇纲Phylactolae-mata、窄唇纲Stenolaemata和裸唇纲Gymnolaemata。被唇纲主要为淡水生，海生种类仅3种，窄唇纲和裸唇纲主要是海生种类。

苔藓虫是20世纪30年代以后才被正式命名的，此前一直称群虫，是寒武纪以来的古老物种，如今很多的地质形成常与它有关，对生态及地质的演化有一定的研究意义。同时，苔藓虫也是一类海洋污损生物，它们常附着在船底、浮标、电缆等水下设施上，有些种类与养殖贝、藻类争夺附着基，影响采苗和养殖生产，或堵塞给水、排水管道，以致造成不同程度的危害。

群体苔藓动物

a. *Securiflustra securifrons*；**b.** *Hornera lichenoides*；**c.** *Reteporella beaniana*；
d. *Caberea ellisii*；**e.** *Hippellozoon novaezelandiae*；**f.** *Reteporella sp.*

11 腕足动物门
Brachiopoda

  几十年前，腕足动物一直被认为是双壳类，因为它也具双壳，特别是一些化石种类。后来发现，腕足动物除了具"双壳"外，还具触手冠，因而与双壳类（软体动物）有本质不同，现在也习惯称其为拟软体动物。

现生腕足动物

a. & **b**. & **c**. *Liothyrella neozelandica*；**d**. & **e**. *Magasella sanguinea*；**f**. *Neothyris lenticularis*；**g**. 海豆芽 *Lingula adamsi*

  腕足动物最早出现于古生代5亿年前的奥陶纪至4亿年前的泥盆纪，是当时地球上最丰富、最多样化的生命形态之一，现今发现的化石记录达30 000多种。其中最常见的化石为石燕和鸮头贝。

石燕Cyrtospirifer外形酷似双壳类中的蚶类，在晋代罗含所作的《湘中记》曾有记述，"零陵有石燕，形似燕，得雷雨则群飞"。

鸮头贝Stringocephalus，则以其腹壳的喙状部弯曲似鸮的喙而得名。

腕足动物常见化石种类
a. & **b**. 石燕 *Cyrtospirifer*；**c**. & **d**. 鸮头贝 *Stringocephalus*

现生腕足动物420余种，全部为海生，多数分布在浅海，营固着生活（如酸浆贝*Terebratalia coreanica*等）或穴居生活（海豆芽*Lingula adamsi*等）。通常两壳一大一稍小，大壳称腹壳，小壳称背壳。腹壳后端常具一肉质柄，称肉茎，用以固着外物。背腹二壳内面各具一片外套膜。体腔发达，充满体腔液，也是血液，行开管式循环。

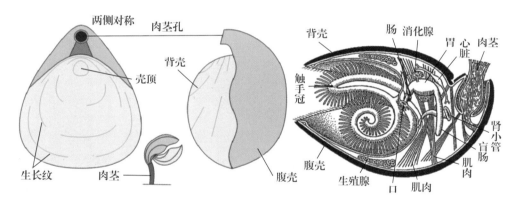

腕足动物模式结构

在我国沿海泥沙质的潮间带，经常能发现一种形似黄豆芽的小贝壳，这就是大名鼎鼎的"活化石"——海豆芽*Lingula*，也称舌形贝。它的体形很奇特，上壳部有点像常见的蛏子，却又在下半部多出一条长长的、可伸缩的、半透明的"尾巴"，宛若一根刚长出来的豆芽。

海豆芽营底栖穴居生活，一生中绝大部分时间都是在洞穴中隐居，取食时，移居洞口，依靠外套膜上方的三根管子呼吸空气，摄取食物，一遇惊扰，迅速潜居洞底，紧闭双壳不动。

本门动物大多作为"活化石"加以研究与保护，但其中个别种类，如海豆芽也是沿海经常食用的海鲜。

12 棘皮动物门
Echinodermata

棘皮动物是一类相对进化的无脊椎动物，有学者研究发现，它与头索、尾索等脊索动物有很近的亲缘关系。

棘皮动物又是一类古老的物种，从早寒武纪出现到整个古生代都很繁盛，化石资料显示，已完全灭绝的种类达20 000多种，而现生的种类却只有7 350余种。

本门种类全部营海洋底栖生活，从浅海到数千米的深海都有广泛分布。现生种类包括海百合、海星、蛇尾、海胆、海参等5个纲。除了食用、药用的海参、海胆外，其余种类应用很少，唯其色彩、造型可称得上海洋动物界中最"耐看"的，尤其是海星、海胆，它们是广大生物爱好者最钟爱的收集对象之一。

棘皮动物的基本体制为"五辐射对称"（成体），即沿身体的中轴可以分成五个相等的部分，但在具体形态上差异还较大，如海星多呈五角形，海胆总体上呈球形，海参呈蠕虫形，海百合纲中的海羊齿类似于羊齿植物，只有蛇尾与海星有点接近。

棘皮动物的基本体形

a. 海星纲 *Asteroidea*；**b.** 海胆纲 *Echinoidea*；**c.** 海参纲 *Holothuroidea*；**d.** 蛇尾纲 *Ophiuroidea*；
e. 海羊齿 *Antedon sp.*（海百合纲 *Crinoidea*）；**f.** 海百合 *Rhizocrinus sp.*（海百合纲 *Crinoidea*）

棘皮动物也有骨骼，习惯称"内骨骼"。它是由许多小骨片所组成，有些种类的小骨片彼此在基部相连，形成关节，如海星、蛇尾、海百合，有些则愈合成一个完整的壳体，如海胆类，还有一种是分散在体壁组织中，如海参类。

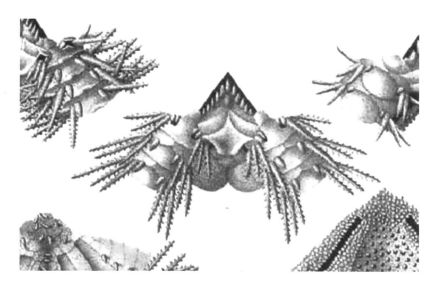

棘皮动物由小骨片形成的关节

棘皮动物是因体表长有众多的棘刺而得名，不同区域的棘刺排列、数量及大小各有不同，有些棘刺还能活动。在棘刺的基部，常有一些变形小棘，称为叉棘（Pedicellariae），有些呈钳形，或叉状。叉棘的外表皮中有丰富的感觉细胞和腺细胞，对接触及化学刺激能独立反应，还具有消除体表异物、保护皮鳃和协助捕食等作用。棘刺之间还有许多指状的小囊，称为皮鳃（Dermal Branchiae），其内腔与体腔相连通，有呼吸及排泄作用。

棘皮动物的表皮
a. 棘刺；**b**. 叉棘；**c**. 皮鳃

棘皮动物还具有特殊的水管系统(Water Vascular System)，类似于一套液压装置，用于运动或获取食物。整个系统包括筛板(Madreporite)、石管(Stone Canal)、环水管(Ring Canal)、辐水管(Radial Canal)、侧水管(Lateral Canal)、壶腹（Ampulla）以及管足(Tube Foot)，管壁内衬纤毛，管中充满海水样液体，借助各水管内液压的增减，控制动物运动的方向、节奏。

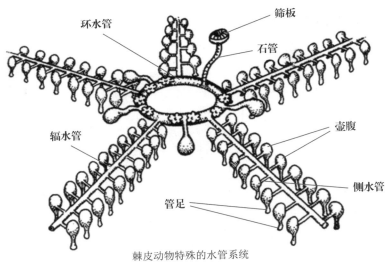

棘皮动物特殊的水管系统

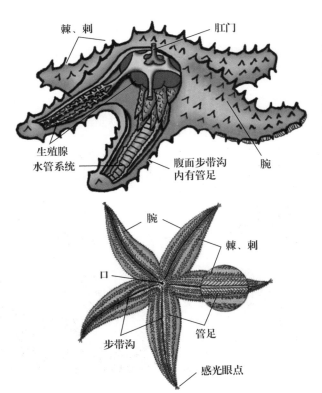

海星的基本结构

海星纲Asteroidea种类的体形多数呈五角形，各"角"称为腕，腕的基部宽，末端渐细，极少数腕在5条以上，如太阳海星。连接各腕基部的中央区域，称中央盘(Central Disc)。以海星活动的姿势，上为背，下为腹。背部常隆起，因具肛门，也称反口面(Aboral Surface)。中央盘及各腕的背面有大小及数量不等的棘、叉棘及皮鳃。腹面也称口面(Oral Surface)，口位于体盘中央。由口部向各腕的腹面伸出一条沟，称步带沟(Ambulacral Groove)，内有管足，管足的底部为吸盘。步带沟所在的腕称辐部(Radii)或步带区(Ambulacra)，两步带区之间的区域称间辐部(Interradii)或间步带区(Interamlulacra)，间步带区无管足。腕末端腹面具感光的眼点，由数个单眼组成。腕基部的间步带区各有1对生殖孔，平时不易见到。

海星多彩多姿，动作缓慢、优雅，很多人爱称其为"海星宝宝"，可事实上它是海底一霸。

海星的食谱很广，有鱼类、蟹类、贝类、多毛类、腔肠动物等，甚至还有它们的同类。想象中的许多动物本应是它的天敌，可最终反倒成为海星的猎物。

海星的捕食方式与它自身的器官有关，大多数海星具长且可弯曲的腕，管足上具吸盘，这类海星就擅长捕食双壳类，用腕足上的管足生生地将壳拉开，然后翻出"贲门胃"插入壳口内，享受壳内的内脏团。有人怀疑，仅凭腕上的管足能将双壳打开？观察发现，确实不能，但事实是在打开之前，海星已长时间地"困"着这个蛤，使其紧闭双壳，最后窒息昏迷，这才轻松打开。捕食海胆也是如此，海胆称海中刺猬，虽然美味，对其他生物来说，不是理想的食物，但海星则能"以柔克刚"。

各类海星捕食

对一些无硬壳的小型种类，海星能将自己的胃翻出来，先包裹，再慢慢消化。生活在深海的槭海星、鸡爪海星，靠纤毛的摆动将落入体表的沉渣有机物等扫入步带沟，形成食物索，再送入口内。

海星不仅凶残，而且非常贪婪。2007年有报道，菲律宾2.5万平方千米的珊瑚礁有一半以上遭到海星大军的侵袭。自2006年以来，中国北方沿海也曾突现大量海星，密度高达300个/平方米，高峰期每天在2 000～3 333.33平方米海域内能拣捕到海星500多千克。这些海星疯狂地摄食鲍鱼、菲律宾蛤仔、扇贝等养殖经济贝类，一个海星1天能吃掉十几只扇贝，食量惊人，给贝类养殖业造成巨大的经济损失。

陈义先生编的《无脊椎动物趣谈》中曾有这样一个故事：一老渔民以前专门在某一海区捕鱼，早出晚归，总有不少渔获。后来慢慢地，海星出现了，从此鱼就少了，再后来，海星慢慢多了，打上来的鱼则更少了，最后，连续几天一条鱼也没捕到，打上来的却是满满的两大筐海星。为什么呢？原来是大批的海星抢光了鱼类的食物，鱼类只能另找地方谋生去了。

除此之外，海星还有两怪。

其一，没看见海星长有眼睛，但似乎感觉非常灵敏，甚至能洞察一切。研究发现，原来在海星棘皮上长有许多微小晶体，这些小晶体其实都是一个完整的透镜，与眼的功能一样，能观察来自各个方向的信息。其二是海星的再生能力超强，即分身有术。若把海星撕成几块抛入海中，每一碎块会很快重新长出失去的部分，从而长成几个完整的新海星来。

现生海星纲的种类全球已记载有1 830多种，尤以北太平洋分布的种类较多，我国产100多种，常见的有20多种。

我国常见的几种海星

a. 日本长腕海盘车 *Distolasterias nipon*；**b**. 日本滑海盘车 *Aphelasterias japonica*；**c**. 乳头海星 *Gomophia egyptiaca*；
d. 砂海星 *Luidia quinaria*；**e**. 蔷薇海星 *Rosaster symbolicus*；**f**. 圆腕筒海星 *Dactylosaster cylindricus*；
g. 原瘤海星 *Protoreaster nodosus*；**h**. 疣海星 *Pentaceraster*；**i**. 粒皮海星 *Choriaster granulatus*；
j. 陶氏太阳海星 *Solaster dawsoni*；**k**. 尖棘筛海盘车 *Coscinasterias acutispina*；**l**. 轮海星 *Crossaster papposus*；
m. 荷叶海星 *Anseropoda rosacea*；**n**. 足球海星 *Podosphaeraster gustavei*；**o**. 海燕 *Asterina pectinifera*；
p. 面包海星 *Culcita novaeguineae*；**q**. 盘海星 *Goniodiscaster sp.*；**r**. 长棘海星 *Acanthaster planci*

蛇尾纲Ophiuroidea，也称阳遂足纲，外形与海星有点相似，多数也是5个腕，但体盘小，和腕之间有明显的界线，腕通常细长，前后一样粗细，无步带沟，管足较退化，也缺肛门。有些种类的腕可分枝，或再分枝，有点"盘根错节"。

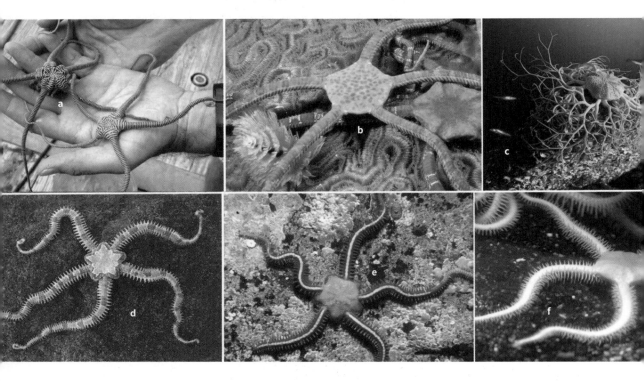

蛇尾纲种类外观

a. 环蛇尾 *Asteroporpa sp.*；**b.** 衣笠蔓蛇尾 *Asteronyx loveni*；**c.** 筐蛇尾 *Gorgonocephalus sp.*；
d. 紫蛇尾 *Ophiopholis sp.*；**e.** 大刺蛇尾 *Ophiothrix fragilis*；**f.** 蜘蛛尾 *Ophiarachna sp.*

在现生棘皮动物中，蛇尾纲种数最多，约有2 000种。世界各海洋都有分布，尤其以印度-西太平洋区最多。垂直分布从潮间带到水深6 000 m的深海。我国已知约180种。

蛇尾也有群居的习性，如分布于爱尔兰西海岸的脆刺蛇尾，最高种群每平方米的密度超过1万。如此高的群落密度，非常罕见。因此，在底栖动物群落中常以蛇尾名称命名群落，如北大西洋的"丝腕阳遂足群落"，新西兰的"玫板阳遂足群落"。我国黄海也有"萨氏真蛇尾群落"。

海百合纲Crinoidea为现存棘皮动物门中最古老的一纲，有两种基本体型。一种终生有柄，且终生营固着生活，如海百合。另一种幼体有柄，成体柄消失，如海羊齿。

海百合纲2种基本体型
a. 无柄类海羊齿；**b**. 有柄类海百合

有柄类形似植物，体分根（Root）、冠（Crown）和茎（Stem）三部分。

冠部包括腕（Arms）和萼（Calyx）两部分，为动物内脏集中之处，相当于海星或蛇尾类的中央盘部，中央有口，具膜状或由骨片形成的盖板（Tegmen）。由冠部向外伸出腕，先是5条，大多数种类会分成2枝，或再分枝，最多可达40条，而在无柄类，类似的分枝有80～200条。

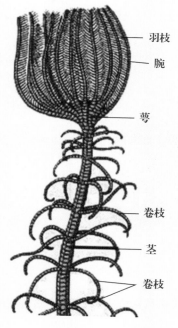

羽枝

腕

萼

卷枝

茎

卷枝

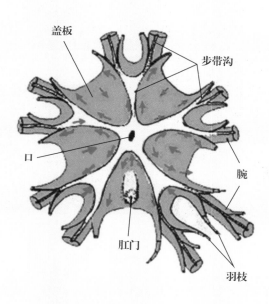

盖板

步带沟

口

肛门

腕

羽枝

海百合纲基本结构

与海星一样，海百合的所有骨骼也由各种小骨片组成，小骨片间有可动及不可动关节，前者由肌肉连接，外观有明显的横沟，后者仅有韧带相连，分界细而不明显，腕内还有肌肉。这些关节、韧带及肌肉控制腕、卷枝及羽枝等的运动与弯曲。有柄类的运动仅限于腕、柄等的弯曲，没有整体的位移，而无柄类，靠两侧腕的交替打动可游泳或做上下移动，也可用卷枝的交替固着，在海底缓慢爬行。

在口的周围有环水管，由环水管分出辐水管到腕及羽枝的步带沟，再分支到管足。海百合类的管足无吸盘，也没有壶腹，而表面的纤毛，则有助于呼吸及取食。没有筛板，但在盖板的间步带区有无数小的纤毛漏斗，通过众多的小石管，一端开口到外界，一端开口到体腔。海百合间步带区的小纤毛漏斗可达500～1 500个，它允许水进入体腔，以维持水管内的液体压力。

本纲种类在我国分布不多，有柄类通常生活在深海，无柄类则主要分布在浅海，肉食性，海钓时，常作为副产品上钩，手钓时，与鱼上钩的感觉无异。

海百合纲常见种类

a. 丽海羊齿 *Antedon sp.*；**b.** *Hyocrinus sp.*；**c.** 栉毛头星 *Comatula pectinata*；**d.** 正新海百合 *Metacrinus rotundus*；
e. 海齿花 *Comanthus sp.*；**f.** 丽海羊齿 *Antedon sp.*

海参纲Holothuroidea的种类体一般呈软绵绵的蠕虫状，粗看并不让人喜欢，反而有点恶心，可它的知名度在本门动物中最大，海参即海洋中的人参，自古以来，都列为海产八珍之一。

最名贵的海参

a. 仿刺参 *Apostichopus japonicus*；**b**. 梅花参 *Thelenota ananas*

仿刺参*Apostichopus japonicus*，俗称灰刺参、刺参、灰参、海鼠，也就是人们俗语中的刺参。其体长通常为20～40 cm，在我国分布于黄海和渤海，体壁厚而软糯，是海参中质量最好的一种，被誉为"参中之冠"。梅花参*Thelenota ananas*，又称凤梨参，最大体长为80 cm，体重达7 kg，见于我国的西沙群岛水深3～10 m的珊瑚沙底，也是我国传统食用海参中的极品。

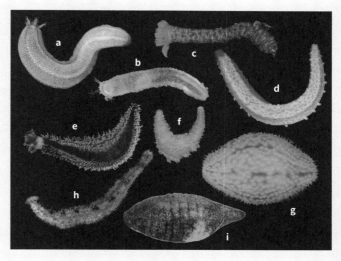

一些丑陋的海参

a. *Anapta gracilis*；**b**. *Protankyra pseudodigitata*；**c**. *Synaptula recta*；

d. *Leptopentacta imbricata*；**e**. *Mensamaria intercedens*；**f**. *Thorsonia adversaria*；

g. *Cladolabes hamatus*；**h**. *Holothuria(Metriatyla)albiventer*；**i**. *Acaudina leucoprocta*

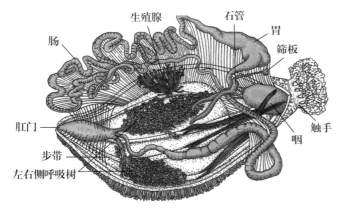

海参的内部结构

与其他棘皮动物相比，海参的身体已高度特化，最明显的标志是海参的"骨架"没了，原来的骨片或骨针都散埋在体壁组织之中，极少数甚至消失了。至于管足、步带、水管系统等也只是依稀"可辨"。

107

资料记载，全世界有1 300多种海参，我国有140多种，但绝大多数为非食用种类，能食用的全球有40余种，在我国有20余种。

海参也有特化的一些器官，如呼吸树(Respiratory Trees)，见于枝手目、楯手目和芋参目等种类。呼吸树位于泄殖腔上端和大肠交界处，有呼吸和排泄功能，也称水肺。

此外，有些种类还有居维氏器(Cuvierian Organ)，位于呼吸树的一侧基部，特别是左枝，附着有许多白色、浅红色或红色细管，当海参受到刺激时，肛门弯向刺激物，经过一阵收缩，会排出一种白色的黏丝，这种黏丝遇水会迅速膨胀近20倍，既有黏性，可将有些生物缠住，也有一定的毒性，使其他动物失去运动能力。排出的黏丝能在附着基断裂，而海参则可缓慢地爬离现场。

海参的居维氏器

海参的一生还充满传奇，诸如再生、排脏、夏眠等。

海参的再生力很强，具体表现在两个方面：一是有些种类分成数段后，每段仍能再生成完整个体，而一些锚海参科Synaptidae的种类，还会自切，即在环境恶化时能自己把身体切成数段，条件好转时再生出失去的部分。二是排脏后，排出的内脏在环境条件适合时还能再生出新的内脏器官。

海参在受到损伤、遭遇敌害、过度拥挤、水质污浊、水温过高、缺氧等强烈刺激或处于不良环境时，身体会强烈收缩，随即开始排出内脏，消化道、呼吸树、居维尔氏器、生殖腺甚至全部内脏器官由肛门排出体外，排出的内脏器官的种类及其数量因海参种类、所受刺激强度以及所处环境条件等不同而有差异。为什么要排脏，一般解释认为避害的一种主动行为，即将内脏"抛向并迷惑敌人，自己趁机逃脱"。

一些冷水性的海参，如刺参*Sticho-pus*，在夏季有休眠的习惯，当水温超过20℃时，悄然移向海的较深处，或潜伏在海底岩石下，身体缩小，停止进食和活动，以此降低代谢率，进入"夏眠"。当水温回降到20℃以下时，又能陆续恢复活力，进入正常生长状态。

有些栖居于深海的海参常与其他生物共生，如蛇目白尼参常与潜鱼 *Carapus bermudensis* 共生，潜鱼以海参的体腔为家，自由从肛门出入，在海参的体腔内寻找食物或躲避敌害。有时一尾海参的体内竟可栖居七尾以上的潜鱼。

海参与潜鱼 *Carapus bermudensis* 共生

海胆纲Echinoidea的外形大多呈半球形、卵圆形，或盘形、心形，也有的呈薄饼状，内骨骼愈合成的"骨壳"，俗称胆壳。胆壳表面有许多小孔和疣状突起。海胆没有类似于海星的步带沟，管足由壳表的小孔伸出。疣突上长有能有限活动的棘。口与肛门的位置以及内部构造与海星类基本类同。

胆壳表面的孔、疣突，排列有序，错落有致，"经""纬"分明，称得上是大自然的杰作。这些既是分类上的主要依据，也是人类难得欣赏的一幅完美作品。

步带

间步带

海胆"胆壳"

依据区块功能不同，通常可将胆壳分成三个组。

第一组为胆壳的主体，由20行多角形的板排列成10个条带，其中5个条带上有管足孔，称步带，其余5条则无管足孔，但具疣突，称间步带，步带和间步带相间排列。不同种类管足孔数量、排列方式及疣突上棘的长短、粗细，各有差异，是分类的依据。第二组为顶系（Apical System），位于背面中央，也即肛门所在的一面，包括眼板、生殖板和围肛部（歪形海胆的围肛部位于壳的后缘或侧面）。第三组称在围口部（Peristome），也称围口板。

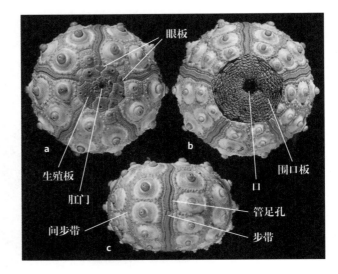

海胆类的胆壳区块
a. 反口面；**b.** 口面；**c.** 侧面

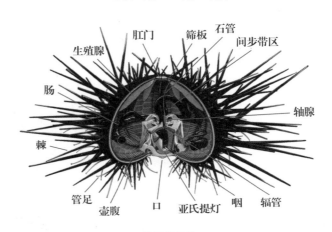

海胆类结构

海胆的口器非常奇特，外形类似于古时的提灯。口内有5枚锋利的长形齿板，借此能"啃"食大型海藻坚硬的"茎"，尤其是巨藻，"啃"食速度之快，犹如小型收割机。

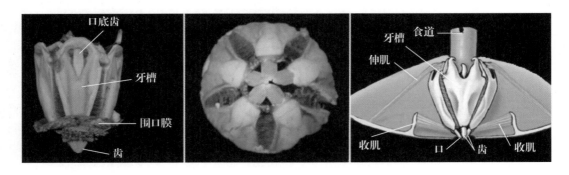

亚氏提灯——海胆口器

根据海胆胆壳的形态，本纲动物有正形类（Regularia）和歪形类（Irregularia）之分。

正形类的肛门位于背面，即反口面，与腹面的口相对，体形比较规则，呈球形、囊形。而歪形类的肛门不在背面，且不与口相对，位于胆壳的侧面，甚至偏向口面，因而体多呈不规则的楯形、心形等。

与海星等不同，海胆的骨骼愈合为一个完整的胆壳，其质地虽然不如贝壳坚硬，但至少也不易腐烂，而且壳表常具奇异的花纹，故收藏海胆已成为更多人的兴趣爱好。

全球海胆种类约有1 000种，我国报道90余种，目前市面上出现的种类，许多来自国外。

常见正形类海胆（标本）

a. 星肛海胆 *Astropyga radiata*；**b**. 刺冠海胆 *Diadema setosum*；**c**. 环刺棘海胆 *Echinothrix calamaris*；
d. 紫海胆 *Heliocidaris crassispina*；**e**. 石笔海胆 *Heterocentrotus mamillatus*；**f**. 红锯海胆 *Prionechinus forbesianus*；
g. 高腰海胆 *Mespilia globulus*；**h**. 刻孔海胆 *Temnotrema sculptum*；**i**. 条纹角孔海胆 *Salmacis virgulata*；
j. 冠棘真头帕 *Eucidaris metularia*；**k**. 印度蘑海胆 *Pseudoboletia indiana*；**l**. *Colobocentrotus atratus*

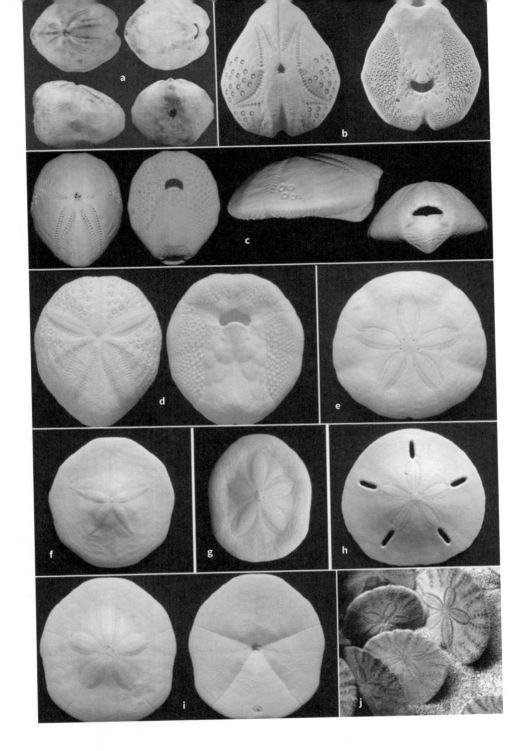

常见歪形类海胆（标本）

a. 凹裂星海胆 *Schizaster lacunosus*；**b**. 长拉文海胆 *Lovenia elongata*；**c**. 海蝉 *Nacospatangus alta*；
d. 扁仙壶海胆 *Maretia planulata*；**e**. 紫掘足海胆 *Scaphechinus mirabilis*；**f**. 日本饼海胆 *Peronella japonica*；
g. 网盾海胆 *Clypeaster reticulatus*；**h**. 曼氏孔盾海胆 *Astriclypeus manni*；**i**. 绿盾海胆 *Clypeaster virescens*；
j. 裂边毛饼海胆 *Echinodiscus auritus*

不少正形类海胆具食用价值，如紫海胆、长棘海胆等。主要食用部分为生殖腺（卵）。我国明代就有食用海胆卵的记载。海胆的生殖腺又称海胆卵、海胆籽、海胆黄、海胆膏，色橙黄，味鲜美，在怀卵季节，占海胆全重的8%～15%。不仅口感好，且其所含的二十碳烯酸占总脂肪酸的30%以上，可预防心血管病。除作为上等的海鲜美味，海胆卵还是一种名贵的中药材。传统医学记载，海胆卵味咸，性平，具有软坚散结、化痰消肿之功效。

海鲜美味——海胆卵

海胆的主要食物是大型藻类，而且食量很大，是巨藻等大型藻场的天敌。

不少海胆的棘刺有毒，而且毒性不弱，俗称"海针"，如被刺中，会红肿、剧痛，对潜水及水中作业人员，也是一种威胁。

13 脊索动物
Chordata

    脊索动物是动物界中最进化的一大类群，与无脊椎动物不同，脊索动物生活史中或多或少出现了脊索（Notochord）。脊索位于消化管的背面，背神经管的腹面，为一条纵贯全身的具有弹性的圆柱状结构，是原始的内骨骼，有支持身体的作用。高等的脊索动物，脊索分节，形成脊柱。其次，脊索动物有神经管（Tubular Nerve Cord）。神经管位于身体背中线，脊索之上，故又称背神经管（Dorsal Tubular Nerve Cord），有些无脊椎动物也有中枢神经系统，但都为实心，呈链状，且位于消化管的腹面。由神经管可进一步分化出脑和脊髓。此外，脊索动物还出现了鳃裂（Gill Slits），位于消化管前端咽部的两侧，为穿通咽壁的裂缝，外界的水由口入咽，经鳃裂排出，是主要的呼吸器官。大部分水生脊索动物的鳃裂终生存在，陆生脊索动物仅在胚胎时出现，成体改用肺呼吸，鳃裂消失。

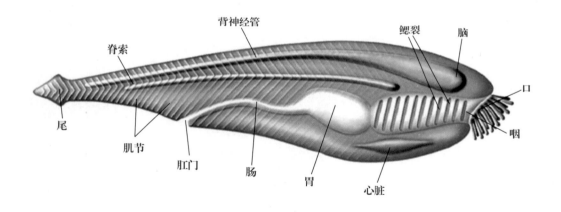

脊索动物模式结构

    通常按"脊索"的进化程度，分为尾索动物Urochordata、头索动物Cephalochordata和脊椎动物Vertebrata 3个亚门，以前也曾将半索动物Hemichordata包含在内。

13.1　尾索动物 Urochordata

尾索动物是脊索动物中最低等的类群，身体呈袋形或桶状，成体一般包在胶质（Gelatinous）或近似植物纤维素成分的被囊中，故也称被囊动物（Tunicate）。有单体和群体两种类型，少数种类营自由生活，尾部终生具脊索，如海樽、纽鳃樽等，绝大多数种类的成体营固着生活，仅在幼体阶段具有尾部（内有脊索），成体尾部消失，如海鞘等。

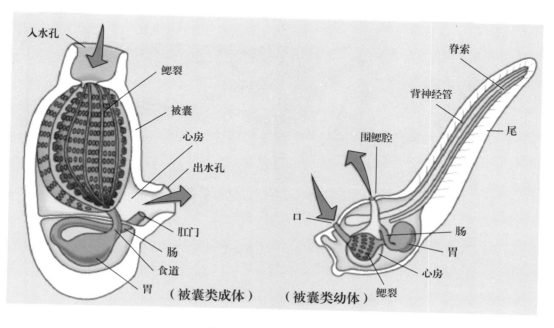

被囊动物（海鞘）基本结构

尾索动物一般为雌雄同体，但异体受精，营有性生殖，有些种类也能无性的出芽生殖，甚至还有复杂的世代交替现象。发育过程中有变态现象，除个别种类外，受精卵都先发育成善于游泳的蝌蚪状幼体，再行变态发育。

主要分布于温带和热带海洋，浮游种类可作为海流和水团的生物指示种，亦可作为鱼、虾等其他生物的饵料。固着生活

的海鞘也是有名的污损生物，能大量固着在养殖的笼筏上，与养殖对象争夺空间、氧气和饵料，影响生长及产量。有些大型的海鞘也是国内外传统的食用种类。

已记载种类3 050余种，我国有产65种。分属尾海鞘纲Appendicularia、海鞘纲Ascidiacea、樽海鞘纲Thaliacea及深水鞘纲Sorberacea等4纲，其中海鞘纲的种类占绝大部分。

13.1.1 海鞘纲 Ascidiacea

海鞘纲种类因被有纤维质鞘而得名。幼体营浮游生活，形似蝌蚪，经逆行变态后发育为成体。成体形似壶状或囊状，营固着生活，广布于各海洋，常见附着于岩石、码头的木桩、船底、海藻上或埋于浅海的泥沙中。

有单体和群体之分，单体海鞘体形较大，10～200 mm 不等，其中少数种类也有假群体现象，但区别在于个体之间都有独立的被囊。群体海鞘以无性生殖为主，通过"出芽"形成群体，个体一般较小，各个体之间以柄相连，并有共同的被囊，进水孔独立，出水孔共有。

海鞘纲 Ascidiacea 常见种类

a. *Didemnum molle*；**b.** *Didemnum vexillum*；**c.** *Aplidium nordmanni*；**d.** *Aplidium tabarquensis*；
e. 玻璃海鞘 *Ciona intestinalis*；**f.** *Perophora modificata*；**g.** 曼哈顿皮海鞘 *Molgula manhattensis*；**h.** 柄海鞘 *Styela calva*

13.1.2 尾海鞘纲 Appendicularia

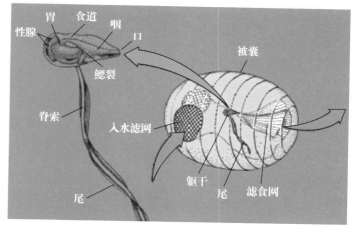

尾海鞘纲是尾索动物亚门中最原始的类型，营浮游生活，因其终生具有幼体的尾和脊索而得名，也曾称幼形纲。形如小蝌蚪，外被一层透明的胶质被囊，内具一对鳃裂、背神经管和尾索。成体分躯干和尾两部分，躯干椭圆形，尾扁平，比躯干长。尾部中央为尾索，两侧有肌肉带。口位于躯干的前端，咽的两侧各有一鳃裂，无围鳃腔，可直接开口于体外。运动时依靠尾的摆动而将水打进入水孔，再经身体压缩，将水从出水孔挤出，以推动身体前进。咽的后端为短小的食管，食管下面扩大部分是胃，在胃底接一条窄小的肠，位于身体腹面向前延伸，末端是肛门。心脏简单，囊状，位于胃部下方，有的种类没有心脏。

绝大多数雌雄同体，精巢和卵巢位于躯干的后端。卵巢1个，位于左右精巢之间，生殖腺成熟后破体壁而出。

我国沿海常见的有住筒虫和住囊虫。

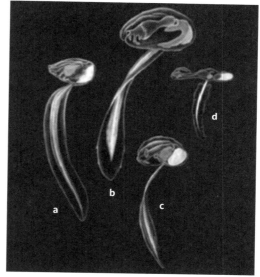

尾海鞘纲 Appendicularia 结构及常见种类
a. 异体住囊虫 *Oikopleura dioica*；**b**. *Bathochordaeus Charon*；
c. 北方住筒虫 *Fritillaria borealis*；**d**. 实验住囊虫 *Oikopleura labradoriensis*

13.1.3 樽海鞘纲 Thaliacea

樽海鞘纲为海洋浮游动物中的一大类群。体多呈桶形或樽形，被囊薄而透明，囊内有呈环状排列的8～9条肌肉带。两端开孔，前端为入水孔，后端为出水孔。咽宽大，占身体的前半部，也称鳃腔。腹面正中有一条直的内柱，咽内壁环生纤毛带，称为围咽纤毛带。鳃裂位于咽部，左右两排列生很多鳃孔。排泄腔占身体的后半部，两腔间由鳃孔相通。消化管由食道、胃、肠组成。肠极短，盘曲呈块状。心脏位于内柱后端与食道开口之间。

樽海鞘也有单体和群体，且生活史中有无性和有性的世代交替。有性生殖的胚胎发育要经过有尾幼虫的阶段，无性生殖靠芽茎繁殖。

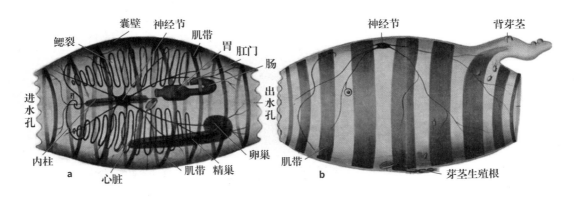

樽海鞘纲 Thaliacea 形态结构
a. 有性个体；**b**. 无性个体

有性个体内各有一个精巢和卵巢，位于消化道的腹面，精巢一般为长筒状，卵巢为圆形。无性个体有9条肌带，身体后端背面有一凸出物，称为背芽茎。在腹面心脏的附近有一短的凸起伸出体外，称芽茎生殖根（Reproductive Stolon）。

本纲动物中最有名的是营群体生活的火体虫。

火体虫群体常呈长筒状，长度不一，最长的有记载有30多米。组成群体的每一个体在鳃囊的前端两侧具有发光器官，能发出明亮的蓝绿色光芒。火体虫共有8种，其中大西洋火体虫*Pyrosoma atlanticum*和多刺火体虫*Pyrostremma spinosum*为典型的热带及亚热带种类，也最为常见，我国东海、南海均有分布。

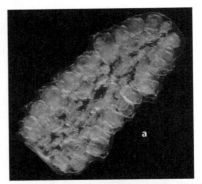

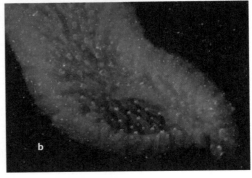

火体虫
a. *Pyrostremma agassizi*
b. 大西洋火体虫 *Pyrosoma atlanticum*

2013 年 8 月，澳大利亚一潜水员在塔斯马尼亚近海拍摄到多刺火体虫 *Pyrostremma spinosum* 的罕见照片。这个火体虫群体竟长达 30 m，相当于两辆双层公共汽车首尾相连的长度，以至于被称为"海洋独角兽"。

多刺火体虫 *Pyrostremma spinosum*——"海洋独角兽"

"海洋独角兽"，其实是由成千上万个火体虫在特定的情况下形成的群体，它并非单一的生物。

火体虫本身是一种小型的浮游、滤食性动物，而成群则是它们的一种生存策略，可以提高生存机会，这是生物进化过程中的一种选择。

很多海洋浮游生物都会发光，但火体虫的"发光"显然在"光彩"和"持续发光"方面与众不同。多数研究者认为，这些光源并非通过神经元传播，而很像是共生的细菌所致。

泛滥的火体虫

大多数火体虫虽说不会形成"巨兽"，但也会引发赤潮。

2017 年，北美太平洋沿岸至北极阿拉斯加的热带地区，火体虫一时呈现出前所未有的数量。据当时报道，"数百万奇异而原始、看起来像水母一样的发光海洋生物出现在美国西海岸，或黏在渔网上，或挂在鱼钩上，还有些被冲到西海岸的沙滩上。这些又短又粗的凝胶状的火体虫通常会在热带出现，也曾到过不列颠哥伦比亚，但这次却在东太平洋史无前例地大量涌现——它们的数量真是不可思议。一张研究渔网在五分钟内拉上来 60 000 个火体虫，靠近锡特卡和阿拉斯加的渔民都停止了渔业生产，因为延绳钓渔船没办法避开这些奇怪的管状动物不让它们上钩。它们称霸了几百米深的水层，但没人知道原因。"

许多专家猜测，这类赤潮的发生，可能与该沿海地区出现的异常升温有关。也有人担心，如果大量火体虫死亡，可以造成一个庞大的死亡区，会消耗溶解在周围海水中的大量氧气，如果这一情况足以严重，就会使这一海域的很多海洋动物缺氧致死。

13.2 头索动物 Cephalochordata

头索动物的代表种就是著名的文昌鱼，文昌鱼说是"鱼"，其实它不是鱼，只是外形似鱼，因为它没有真正的头部，除了脊索动物所具有的三大特征外，有些器官还与脊椎动物同源，并呈现出脊椎动物发育的早期状态，因而被称为无脊椎动物过渡到脊椎动物之间的"桥梁动物"，由此也成为研究脊椎动物器官系统发育、发生的理想模式生物。

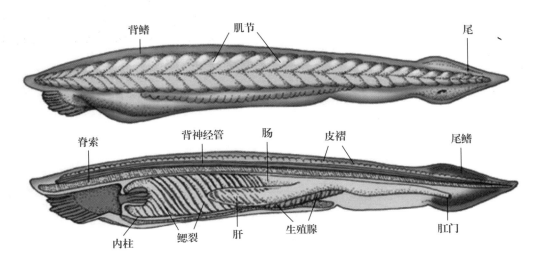

文昌鱼形态结构

本亚门仅狭心纲Leptocardii，也称文昌鱼纲Amphioxi，全球记载共30种，我国有4种。

文昌鱼体呈长纺锤形，左右侧扁，两端稍尖，无头与躯干之分。体长因种类而异，常见成体体长40～47 mm，个别种类，如产于北美圣地亚哥湾的加州文昌鱼 *Branchiostoma californiense* 体长可达100 mm。

文昌鱼的表皮在幼体期生有纤毛，成长后则消失。透过很薄的皮肤，可见皮下"V"字形的肌节。四周有一纵行皮皱，也称背鳍、臀鳍、尾鳍，彼此相连，没有偶鳍。体腹面两侧有由皮肤下垂形成的腹褶，腹褶与臀鳍交界处有一腹孔，也称围鳃腔孔，腹孔的后面，在尾鳍与臀鳍交界偏左处有一肛门。

文昌鱼的视觉器官为眼点，位于体前端；前端腹面有一漏斗形的口笠，口笠的边缘约有40条触须，密集的触须形成筛状器官，可以防止大型沙粒进入口内。

胚胎时期文昌鱼有7对鳃裂，开口于体外，随着发育，到了成体时鳃裂会增加到180对，并被皮肤和肌肉所包裹，不再通向体表，形成一对特殊的"围鳃腔"，通过腹孔与外界相通。

文昌鱼没有骨骼，主要是以纵贯全身的脊索作为身体的中轴支架。脊索外围有一层坚韧的脊索鞘，此鞘也包围着脊索上方的神经管，但在口笠及触手内有类似软骨的支持物，背鳍和臀鳍内也有鳍条支持。

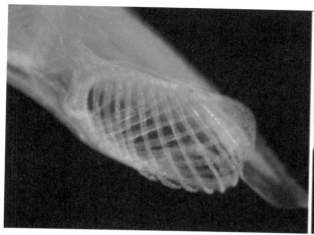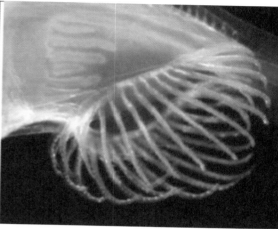

文昌鱼口笠边缘触须

我国最常见的是产于厦门的白氏文昌鱼*Branchiostoma belcheri*，习惯简称为文昌鱼。

唐、宋、明代时期，我国已有一些关于文昌鱼的零星记述，许多记载常与地方神话有关，比较准确的记载从清代才开始。据1767年所编的福建《同安县志》记载，"文昌鱼似鳗，而细如弦，产西溪近海处。俗谓文昌诞辰时方有，故名。宜晒干绳结"，可见当时福建同安县刘五店一带已有捕捞文昌鱼的相关渔法和食法。这些记述要远早于欧洲。但对文昌鱼的系统研究，则远迟于欧洲。

1867年，俄国胚胎学家A·柯瓦列夫斯基（A·Kowalevsky）在研究文昌鱼胚胎发育过程中，发现了它兼有脊椎动物和无脊椎动物的特征，由此认为它是无脊椎动物与脊椎动物之间的一种过渡类型，这一学说，也有力地支持了达尔文的进化论。

1923年，时任厦门大学教授的美国生物学家莱德（Light）在考察厦门郊县海区时，第一次在同安刘五店海域发现文昌鱼。莱德深为当地的渔业历史、生产规模、产量、作业方式所震惊，由此他在美国*Science*杂志上发表了一篇《厦门大学附近的文昌鱼渔业》的论文，报道了当时厦门大学附近的海滨有大量文昌鱼资源，以及当地渔民捕捞文昌鱼使用的工具和生产活动情况，估计了该地区文昌鱼的年产量，并认为这是全世界唯一的文昌鱼渔场。自此以后，世界上有关文昌鱼的研究，基本上都取材厦门文昌鱼。

据传，此前我国各教学、科研单位所用的文昌鱼材料全部依靠国外进口，形如火柴梗大小的文昌鱼成本高达一块大洋，相当于当时一个佣人三个月的工资。

文昌鱼主要分布于热带和亚热带海域，要求海水温度在12℃以上，栖息于水深5～10 m处，平时潜钻于底砂中，仅露出前端滤食，以浮游硅藻等为食。每年6～8月为繁殖季节，生命周期为5～6年，体长30～60 mm，每千克有4 000～5 000尾，全身半透明，头尾两头尖，俗称"双尖鱼""面条鱼"。

20世纪50年代，厦门文昌鱼的捕捞工具既原始又独特，不用传统的渔网、渔钩，而是用一种特制的宽扁锄头、一张由竹篾编成、直径约50 cm的圆筛和用3段竹筒扎成的三角浮架。捕捞方式更是奇特——"沙里淘鱼"。随着海水慢慢退去，渔民就开始在小船上作业，一根两米多长的竹竿一端固定"锄头"，一端绑扎细绳，用力将"锄头"甩出，再拉绳子，将"锄头"掏挖到的泥沙放入三角浮架上的圆筛，用海水轻轻冲洗，去掉杂块，收获的就是文昌鱼了。

文昌鱼作为一个特殊的物种在世界上极为罕见，却在厦门附近浅海大量分布，自此发现，使厦门刘五店周围海域成为全球历史上唯一形成渔业生产的文昌鱼渔场。最高年产量为282 t（1933年），后因捕捞规模不断扩大，产量逐步下降。20世纪50年代，刘五店年最高产量为45 t，随着集美海堤建成后，栖息环境受到破坏，加上近海污染，产量下降到5～10 t，90年代后几近灭绝，现为国家二级保护动物。

1991年厦门市建立了文昌鱼自然保护区——欧厝文昌鱼保护区，总面积共65 km²，2000年经国务院批准，厦门文昌鱼与中华白海豚、白鹭一起升格为"厦门海洋珍稀物种国家级自然保护区"。

13.3　脊椎动物 Vertebrata

脊椎动物除具有脊索、背神经管、鳃裂外，体内出现了由许多脊椎骨连接而成的脊柱，代替了脊索，成为支持身体的中轴和保护脊髓的器官。

大多数脊椎动物只在胚胎时期有脊索，以后就被脊柱所代替，脊索逐渐退缩，仅留残余或完全退化，只有少数低等的脊椎动物虽然脊索还终生保留，作为支持结构，但或多或少出现了雏形脊椎骨。脊柱的出现不仅增加了身体的坚固性，而且随着进化，还分化成颈椎、胸椎、腰椎及尾椎等，提高了身体的灵活性。

脊椎动物的神经系统进一步发达，分化出具有复杂结构的脑，同时头部出现了嗅、视、听等集中的感官和明显的头部。循环系统出现了位于消化道腹侧的心脏，推动血液循环；排泄系统出现了集中的肾脏，代替了分节排列的肾管。原生水生动物鳃裂终身存在，用鳃呼吸，次生水生动物和陆栖动物只在胚胎期出现鳃裂，成体则用肺呼吸。

除无颌类外，脊椎动物还出现了上、下颌和适合游泳的偶鳍或爬行的附肢，扩大了生存范围，也提高了捕食、求偶及避敌的能力。

本亚门种类繁多，现生海生种类约3万种，大多数学者将其分为无颌总纲Agnatha、有颌总纲Gnathostomata和四足动物总纲Tetrapoda。

现生无颌总纲Agnatha为一类无上下颌、无偶鳍的原始鱼形动物，包括盲鳗纲Myxini和七鳃鳗纲Petromyzontia；有颌总纲Gnathostomata出现了上下颌和偶鳍，包括软骨鱼纲Chondrichthyes、辐鳍鱼纲Actinopterygii和肉鳍鱼纲Sarcopterygii，也称鱼总纲Pisces；四足动物总纲Tetrapoda包括爬行纲Reptilia、两栖纲Amphibia、鸟纲Aves和哺乳纲Mammalia。

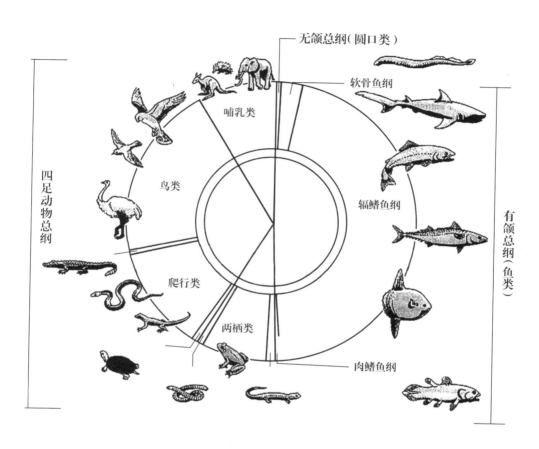

脊椎动物亚门大致分类

13.3.1 无颌总纲 Agnatha

习惯称无颌类、圆口类、囊鳃类，包括盲鳗纲Myxini和七鳃鳗纲Petromyzontia两个纲，以前合称圆口纲，属广义中的"鱼类"。现生种类共120余种，其中93种终生或季节性分布于海洋。

无颌类体呈鳗形，分头、躯体和尾三部分。头部有口，但无上、下颌，故称无颌类。没有成对的偶鳍，只有奇鳍。体长随种类不同，0.2～1 m不等。头背中央有一短管状的单鼻孔（Nostril），因此又称单鼻类。背中线上有1～2个背鳍，尾部侧扁，有尾鳍。皮肤柔软，表面光滑无鳞，但富黏液腺。肛门位于尾的基部，其后为泄殖乳突（Urogenital Papilla）。

无颌类的脊索终生保留，外被脊索鞘，用于支持体轴。脊索背方的脊髓两侧有按体节成对排列的软骨质弧片，尚未形成椎体。

七鳃鳗类的头侧有一对发达的大眼，两侧眼后各有7对鳃裂，远看好似有8个眼，故也称八目鳗。头部腹面有一略呈圆形的漏斗状口，内有黄色的角质齿，周边附生细小的穗状皮突。

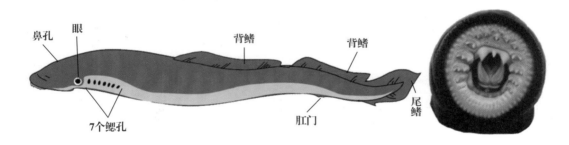

七鳃鳗外形及口齿

盲鳗的眼埋于皮下，但隐约可见，故称盲鳗。眼后头部两侧有5～16对鳃裂；口裂缝状，两侧有栉状角质齿。体侧和头部腹面有感觉小窝，小窝排列成行，也称侧线。

盲鳗类外形及口齿

无颌类通常营外寄生生活，且以大型鱼类及海龟为寄主。七鳃鳗主要用前端的口漏斗吸附于寄主体表，用角质齿锉破皮肤吸血食肉；盲鳗更能由鱼的鳃部钻入寄主体内，吃尽其内脏，使之仅存躯壳。

■ 七鳃鳗纲 Petromyzontia

曾称头甲纲Cephalaspidomorphi、单鼻孔纲Monorhina。只有简单脊索，无脊椎。体呈鳗形，无上、下颌，口位于头部腹面，呈漏斗状，无须，口及舌上具许多角质齿，口缘有皮质穗状凸起。鼻孔单个，开口于头部前端的背面中央。眼发达，具晶状体及虹彩，幼鱼在变态前眼不发达，埋于皮下。鳃囊7对，分别开孔于体外。各内鳃孔先通至食道的总鳃管（呼吸管），再与口咽腔相通。只有奇鳍（背鳍、尾鳍），无偶鳍（胸鳍、腹鳍）；皮肤黏液腺发达。

现生海生种类共14种，常见有日本七鳃鳗 *Lethenteron camtschaticum* (Tilesius, 1811)。

成体七鳃鳗营外寄生生活，寄主多为鱼类，寄生时用口漏斗吸附在寄主鱼身上，以上、下唇齿和舌齿刺入寄主的皮肤，并注入口腔腺液，此类口腔液能防血液凝固，并使红血球和肌肉溶化，然后吸食其血液、体液和溶化的肌肉。

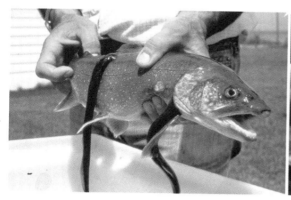

七鳃鳗与寄主

七鳃鳗的寄主随七鳃鳗的生活环境改变而改变，在江河生活时寄主为底层小型鱼类，在海洋中则以胡瓜鱼和宽突鳕等为寄主。在溯河洄游时，寄主以大麻哈鱼为主，并随其溯河洄游。

营潜居生活的沙隐虫（Ammocoete）及外形

　　七鳃鳗的幼体特称沙隐虫（Ammocoete），体长在10 cm以下，眼隐于皮下，口无齿，常潜居在河底泥沙中，以浮游生物为食，开始时人们都不认识它，以为是某种原索动物。

　　日本七鳃鳗生长极为缓慢，体长380～540 mm时性腺才成熟，春季由海洋进入江河产卵，产卵时有筑巢习性，产卵后的亲鱼不久即行死亡。受精卵经过一个月左右的发育后孵出，此时体长约10 mm，外形与文昌鱼极为相似，这种幼体会持续3～5年才获变态成为成体。

　　日本七鳃鳗分布于太平洋西部，南至日本、朝鲜沿岸，北至阿纳德尔和阿拉斯加。我国黑龙江水系诸河和绥芬河等均有分布。

■ 盲鳗纲 Myxini

盲鳗种类主要特征与七鳃鳗相同，外鼻孔1个，开口于吻端，内鼻孔与口腔相通，旧时也称穿腭类、囊鳃类。在鼻孔两侧具2对鼻须，口的两侧也具1～2对口须。口纵缝状，舌肉质，上具2列发达的栉状齿，用以括食。眼退化，隐于皮下，鳃呈囊状，6～15对，与咽直接相连。外鳃孔离口很远。皮肤黏液腺发达，在体两侧近腹部各有一纵列黏液腺孔。无背鳍，具尾鳍，偶鳍发育不全。

本纲种类全球共79种，我国产12种，常见的有蒲氏黏盲鳗*Eptatretus burgeri*。

蒲氏黏盲鳗栖息于近海淤泥底质的浅水区。自由生活时常将身体埋入泥中，仅露出头端，可依靠外鼻孔进行呼吸。一般晚上活动，会凶猛袭击鱼类，通常吸附于其他鱼类的鳃上或峡部，有时亦吸附在眼上，边食边钻入体内，有"钻腹鱼"之称，食寄主内脏、肌肉，最后常仅留皮肤和骨骼。最大体长可达600 mm。繁殖期为8月中旬到10月底，不同海区略有差异，产卵前，亲鱼会离开近岸到深水区产卵，不再摄食。

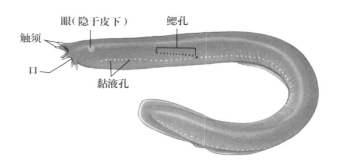

蒲氏黏盲鳗 *Eptatretus burgeri*

自由生活时的盲鳗

盲鳗为雌雄同体。幼体时，生殖腺的前部是卵巢，后部为精巢，以后随着发育，如前部发达、后端退化，则成为雌性，反之则为雄性。卵生，每产一般18～20个卵，个别个体也有产32～68个。卵大，卵径22.4 mm×（8～9）mm，呈椭圆形，外包角质囊，各卵常相互钩连，附于海藻或其他物体上发育，发育过程无变态。

本种在我国黄海及以南海域、朝鲜南部及日本中部以南海域等均有分布。

盲鳗是某些鱼类的敌害，但据传统医学记载，盲鳗对治疗夜盲症有一定的功效，可能源于盲鳗生活在漆黑的海底，它能准确地找到食用（或合适的寄主）说明它有在暗光下特殊的视觉功能。

13.3.2 鱼总纲 Pisces

■ 鱼类概述

据截至2020年底统计，全球已有记录的鱼类多达
32 402种（不包括化石种类），这些鱼类广泛分布于
江、河、湖泊等淡水水系（Freshwater），海、洋等海水
水系（Marine），以及两水系之间的一些半咸淡水域
（Brackish），也包括海、淡水之间的洄游性种类，除纯
淡水鱼类外，后两者也统称海洋鱼类。

鱼类是脊椎动物亚门的最主要群体，包括软骨鱼
纲Chondrichthyes、辐鳍鱼纲Actinopterygii和肉鳍鱼纲
Sarcopterygii三个纲。这三个纲的种类才是真正的鱼
类，也是指狭义上的鱼类。如果指广义上的"鱼类"，
那还得包括文昌鱼、七鳃鳗和盲鳗。

与无颌类相比，鱼类在身体结构、生理机能等许
多方面都有了明显的进化，体现在三个方面。

第一，出现了上、下颌。这算得上是脊椎动物进
化史上一个重大的转折点。动物的捕食、御敌等离不
开上下颌，有些鱼类还能利用上、下颌筑巢、钻洞、
求偶、育雏等。此外，上、下颌的功能还在于能带动
其他器官的共同进化及全身器官的联动，如运动器
官、感觉器官、神经系统等。

鱼类有能活动的上、下颌

第二，真正的鱼类有偶鳍——胸鳍和腹鳍。偶鳍的基本功能是维持身体的平衡和改变
运动的方向，由此大大提高了动物的游泳能力。此外，有些鱼类的胸鳍特别发达，可用来
在水面滑翔（燕鳐鱼、绿鳍鱼、红娘鱼等），有些鱼类的腹鳍还分化出交接器（雄性软骨
鱼类）。鱼类偶鳍也为陆生脊椎动物四肢的出现提供了先决条件。

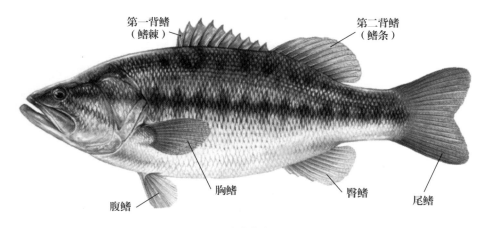

鱼类的鳍

第三，鱼类具脊柱。真正的鱼类以脊柱代替了脊索，成为支持身体和保护脊髓的主要结构，加强了支持、运动和保护的机能。

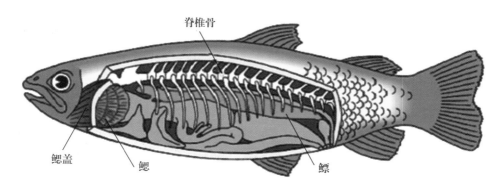

鱼类的脊椎骨

此外，鱼类的脑和感觉器官更为发达，有端脑、间脑、中脑、小脑、延脑之分。开始具有一对鼻孔和三个半规管的内耳，保护脑和感觉器官的头骨也较圆口类更为完整，由此，进一步促进了体内各部的协调和对外界环境的适应能力。但鱼类在进化上也有局限性，与哺乳动物相比还处于低级水平，如缺少颈部，头部不能灵活转动，仍以鳃呼吸，变温性等，因而只能局限生活在水环境中。

全球鱼类种类繁多，不包括淡水，仅分布于海洋、河口咸淡水或海陆之间洄游的种类就有18 700余种。这些鱼类的个体大小、形体差异都很大。

鱼类的体型

除极少数种类外，绝大部分鱼类可归纳为纺锤型、侧扁型、平扁型以及棒型、带型或棍型四种体型，这四种体型因最为常见，也习惯称"正常"体型。

纺锤型，也称流线型，如鲻鲹鱼、日本鲭（青占鱼）、马鲛（鲅鱼）、金枪鱼类及大部分鲨鱼。这种体型为最常见，特点是"中段肥圆，头尾稍尖细"，常为游速快的种类。

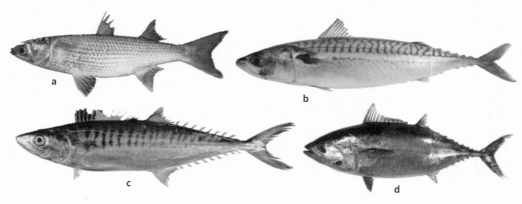

纺锤形体型

a. 鲻鲹鱼 *Mugil cephalus*；**b**. 日本鲭 *Scomber japonicus*；**c**. 马鲛 *Scomberomorus commerson*；**d**. 金枪鱼 *Thunnus*

侧扁型，最常见的有绿鳍马面鲀(剥皮鱼)、银鲳（鲳鱼）、蝴蝶鱼、石斑鱼等。特点是鱼体的左、右两侧缩短，背腹高度相对增加。这类鱼相对于纺锤形体型的鱼类，游泳能力弱，或游速较慢，或很少长距离洄游。

侧扁形体型

a. 绿鳍马面鲀 *Thamnaconus modestus*；**b**. 银鲳 *Pampus argenteus*；

c. 朴蝴蝶鱼 *Chaetodon modesta*；**d**. 青石斑鱼 *Epinephelus awoara*

　　平扁型，软骨鱼类中下孔总目的种类，如鳐*Raja*、魟*Dasyatis*、鲼*Myliotalis*，蝠鲼*Mobula*及比目鱼等都属这类体型，其基本特点是左右扩大而背腹缩短，通常以海底匍匐生活为主。

平扁型体型

a. 奈氏魟 *Dasyatis navarrae*；**b**. 中国团扇鳐 *Platyrhina sinensis*；

c. 双吻前口蝠鲼 *Manta birostris*；**d**. 日本须鳎 *Paraplagusia japonica*

棒型、带型或棍型，这种体型的基本特征是鱼的头尾特别延长，体呈棍形或带形，如鳗鲡（河鳗）、海鳗、烟管鱼及带鱼等。

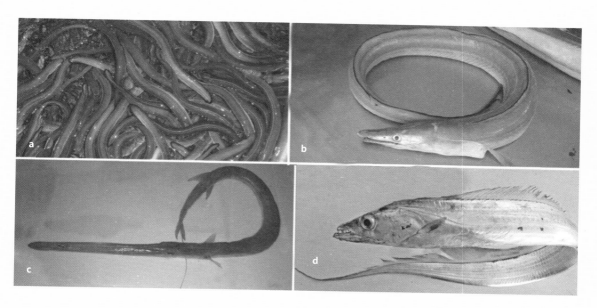

棒型、带型或棍型
a. 日本鳗鲡 *Anguilla japonica*；**b**. 海鳗 *Muraenesox cinereus*；
c. 鳞烟管鱼 *Fistularia petimba*；**d**. 带鱼 *Trichiurus lepturus*

除了以上这些常见的体型，少数鱼类的长相有点特别，描述难度较大，如箱鲀、海马等，习惯中我们直接说箱鲀型，指箱鲀类的体型，海马型是指海马类的体型等。

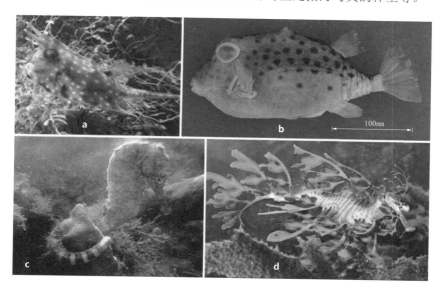

少数鱼类的特殊体形（箱鲀型、海马型）
a. 角箱鲀 *Lactoria cornuta*；**b**. 棘箱鲀 *Kentrocapros aculeatus*；
c. 海马 *Hippocampus sp.*；**d**. 叶海马鱼 *Phyllopteryx sp.*

鱼类主要部位的名称

不同鱼类的体型虽然变化很大，主要部位、器官也有差异，但名称、功能类同，只是形态、数量的差异或某些变异，这些差异及变异也构成了各自的特征，即常说的"分类"依据。

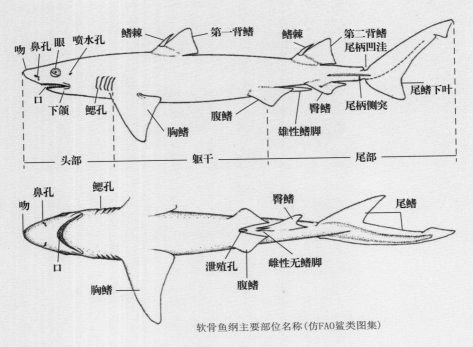

软骨鱼纲主要部位名称(仿FAO鲨类图集)

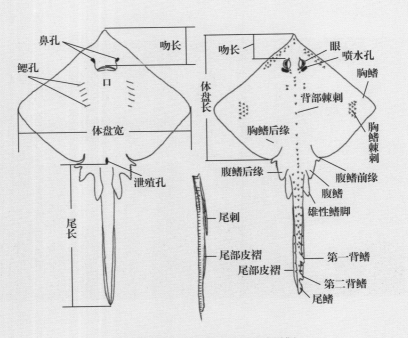

软骨鱼纲主要部位名称(仿FAO鳐类图集)

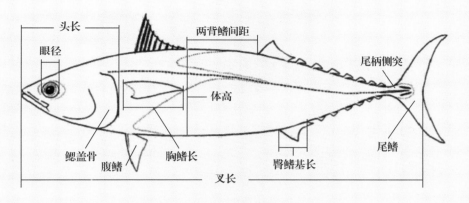

辐鳍鱼纲主要部位名称(仿FAO金枪鱼类图集)

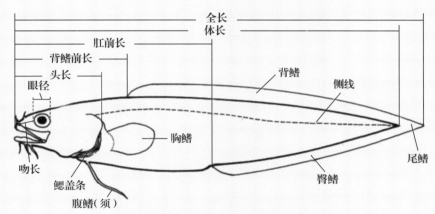

辐鳍鱼纲主要部位名称(仿FAO鳀类图集)

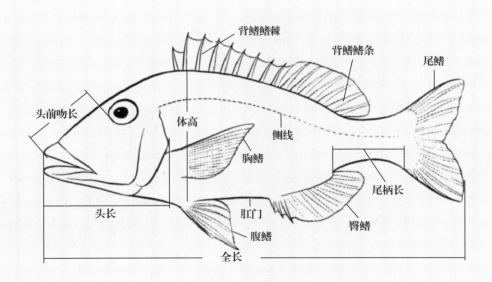

辐鳍鱼纲主要部位名称(仿FAO齿颌鲷类图集)

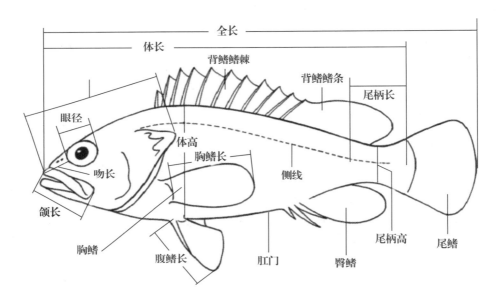

辐鳍鱼纲主要部位名称(仿FAO石首鱼类图集)

鱼类主要部位的变异

鱼类主要部位的变异,构成了"某种"或"一类"的特征,认识、记住这类特征,使之"物以类聚",是鱼类分类的一条捷径。

吻 由上、下颌构成,大多数鱼类上、下颌的长度相近,但少数鱼类则变异很大,如锯鲨、锯鳐的吻扁平状,向前伸长,两侧着生锐齿;颌针鱼、旗鱼、箭鱼的上、下颌或上颌或下颌特别延长;双髻鲨的吻还向两侧扩展,形成"T"形结构;烟管鱼的吻延长呈管状。

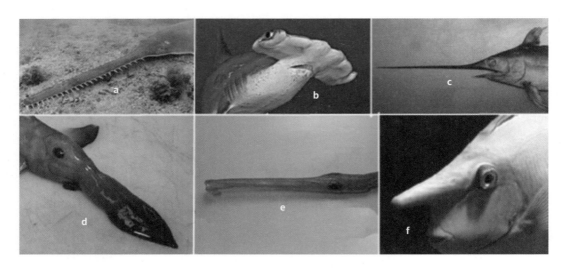

鱼类吻的变异

a. 尖齿锯鳐 *Anoxypristis cuspidata*;**b.** 路氏双髻鲨 *Sphyrna lewini*;**c.** 剑鱼 *Xiphias gladius*;
d. 吻银鲛 *Rhinochimaera sp.*;**e.** 鳞烟管鱼 *Fistularia petimba*;**f.** 长吻鼻鱼 *Naso unicornis*

大多数鱼类的口虽没有变异，但上、下颌的相对长短有别，依此可分为上位口、下位口及端位口。下颌长于上颌，谓之上位口；反之为下位口；上、下颌略等长则为端位口。有些鱼的上、下颌在捕食时还可伸缩，如日本鲂等，即为"口可伸缩"，也是鱼类口型的特征之一。

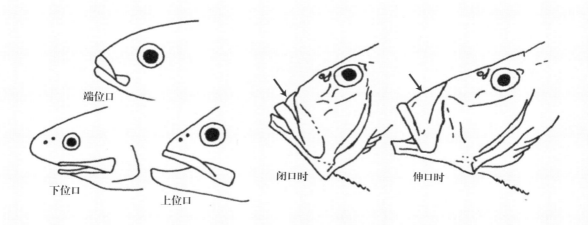

鱼类的口型

須　大多数鱼类没有须，某些鱼类的口及其周围有"须"，如海鲇（俗称老头鱼）、绯鲤（俗称羊鱼），一些深海鮟鱇鱼类的须还能一再分叉呈树枝状，还有淡水鱼类中的鲤鱼也有须，故称"鲤鱼公公"。

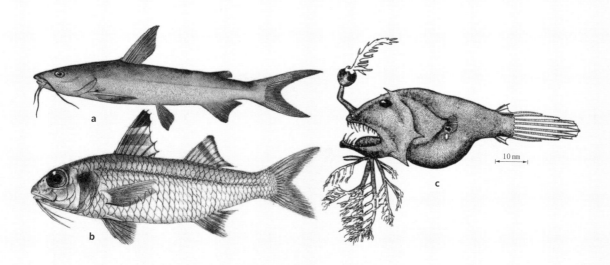

部分鱼类的口须
a. 海鲇 *Arius sp.*；**b**. 绯鲤 *Upeneus sp.*；**c**. 树须鱼 *Linophryne sp.*

眼 绝大部分鱼类的眼位于头部两侧，而独有鲽形目的种类（俗称比目鱼）的眼全部位于同一侧，或右侧，或左侧，即"左鲆右鲽""左舌右鳎"。

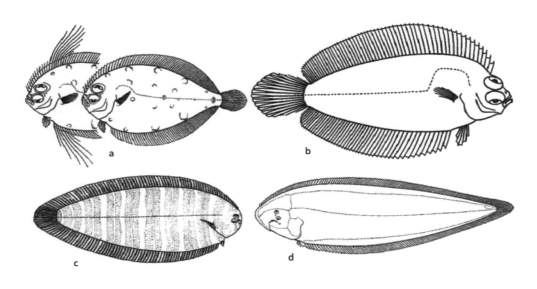

比目鱼类的眼

a. 眼斑线鳍鲆 *Taeniopsetta ocellata*；**b**. 长体瓦鲽 *Poecilopsetta praelonga*；
c. 短吻舌鳎 *Cynoglossus abbreviatus*；**d**. 条鳎 *Zebrias zebra*

鱼类的眼睛没有泪腺，俗称"打死不哭"，也无眼睑，亦称"死不瞑目"。但鲱形目、鲻形目的某些种类的眼，大部或一部覆有透明的脂肪体，人们称之为脂眼睑（Adipose Eyelid）。还有些鲨鱼的眼具有瞬膜，可以稍稍"眨眼"。

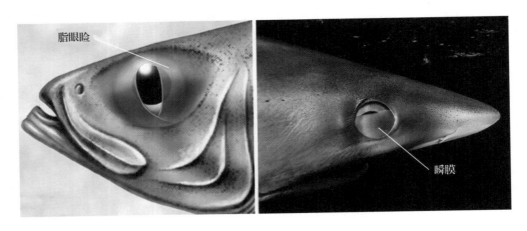

脂眼睑与瞬膜

鼻孔 不同鱼类鼻孔的位置、数量、构造也不相同。软骨鱼类（鲨类、鳐类）的鼻孔，一般位于头部腹面，口的前方，有些种类还具口鼻沟，连接鼻和口。而辐鳍鱼类，鼻孔位于吻端，且均不与口腔相通，且大多数每侧具前、后2个鼻孔，少数种类，如隆头鱼、六线鱼、雀鲷、单鼻鲀等鱼类每侧只有一个鼻孔。

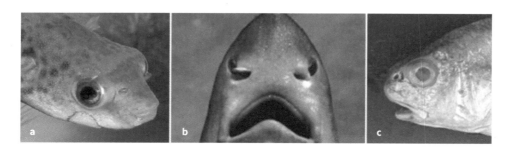

鱼类的鼻孔

a. 单孔鲀 *Monotretus sp.*；**b**. 斑竹鲨 *Chiloscyllium sp.*；**c**. 白姑鱼 *Argyrosomus argentatus*

鳃 是鱼类的呼吸器官，呼吸时水流由口腔经鳃，再排出体外。软骨鱼纲中的板鳃类（鲨类和鳐类）有5～7对鳃孔，外无鳃盖，各鳃分别对外开孔；全头类（银鲛类）有4对鳃，外覆一层软软的皮质"假鳃盖"。辐鳍鱼类的鳃集中在一个腔内，外被一具骨骼的鳃盖。

鲨类和鳐类的鳃孔位置也不同，鲨类的鳃孔位于头后部的两侧，习惯称"侧孔"；鳐类的鳃孔则开在腹面，称"下孔"。

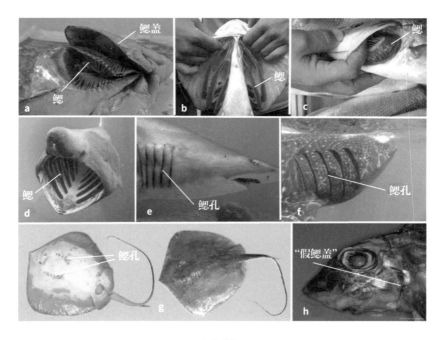

鱼类的鳃

a. & **b**. & **c**. 辐鳍鱼类；**d**. & **e**. & **f**. 鲨类（软骨鱼类板鳃类——侧孔）；

g. 鳐类（软骨鱼类板鳃类——下孔）；**h**. 全头类（软骨鱼纲全头类——假鳃盖）

喷水孔 鱼类的喷水孔实质上是一个退化了的鳃裂，大部分软骨鱼类还有残留。鳐类的喷水孔一般特别大，而鲨类的喷水孔小，甚至消失。辐鳍鱼类中只有极少数种类眼后方有不明显的喷水孔。

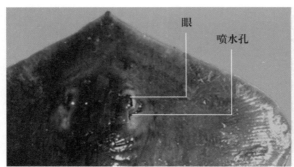 

软骨鱼类的喷水孔

鳍 是鱼类运动和维持身体平衡的主要器官，鳍的种类、数量及构造在不同的种类中变化很大。鳍通常可分为背鳍、臀鳍、尾鳍、胸鳍和腹鳍，名称大致与其所在的部位有关。

鱼类的鳍由支鳍骨和鳍条组成，外附肌肉。依据鳍条的性质，可分为角质鳍条（Ceratotrichia）和鳞质鳍条（Lepidotrichia）。角质鳍条不分支也不分节，为软骨鱼类所特有，是作为"鱼翅"的原料。

鳞质鳍条也称骨质鳍条，由鳞片衍生而来，为辐鳍鱼类所特有。

鳞质鳍条又可分为两种类型。一类称鳍棘，为已骨化的鳍条，粗强且硬，外观不分支，也不分节。另一类较柔软、末端分枝或分节的鳍条，习惯也称鳍条或软条。

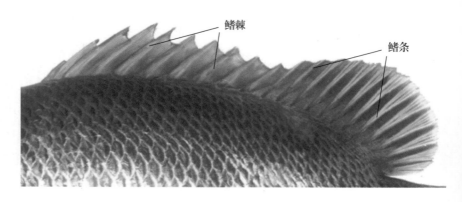

鱼类的背鳍鳍棘与鳍条

大部分鱼类只有1～2个背鳍，而鳕形目中鳕科的种类则有3个背鳍。

具3个背鳍的大头鳕 *Gadus macrocephalus*

少数种类还有脂鳍（Adipose Fin）或小鳍（Finlets）。脂鳍为脂肪质的片状突起，内无鳍条，如大麻哈鱼、龙头鱼、灯笼鱼等。小鳍也称副鳍，由分支鳍条组成，如金枪鱼类、马鲛鱼类等。脂鳍和小鳍均位于背鳍或臀鳍后方。

鱼类的脂鳍和小鳍
a. 大麻哈鱼 *Oncorhynchus sp.*；**b**. 金枪鱼 *Thunnus sp.*

鱼类的鳍在不同种类中也常有"特化"，如鮟鱇鱼的第一背鳍特化为一些细长的钓丝，有的末端膨大呈皮瓣状，借以诱惑其他生物；鮣鱼的背鳍特化成一个类似鞋底的吸盘，可借助这一吸盘吸附在大型动物身上，周游海底，有"免费旅行家"之称；红娘鱼、虎鲉等胸鳍下部具有几枚粗壮而分离的鳍条，可在海底爬行；鳐类的背鳍退化，且后移，而胸鳍则扩大成体盘；燕鳐、豹鲂鮄等的胸鳍特别扩大和延长，伸展时像鸟类的翅膀，能借此在水面滑翔。还有一些鱼类各鳍不全，如角鲨类没有臀鳍。

鱼类鳍的变异

a. 约氏黑角鮟鱇 *Melanocetus johnsonii*；**b**. 白短鮣 *Remora albescens*；**c**. 红娘鱼 *Lepidotrigla sp.*；

d. 燕鳐 *Cheilopogon sp.*；**e**. 角鲨 *Squalus sp.*；**f**. 双鳍电鳐 *Narcine sp.*

体色　鱼类的色素细胞有黑色素细胞、黄色素细胞、红色素细胞3种，受外界环境的影响以及经过漫长的演化，这些细胞的聚散使鱼类呈现不同的体色。如生活在珊瑚礁周围的鱼类色彩相对丰富。有些体色可能是应急产生的，有些则相对规律。如鲈形目髭鲷属中的横带髭鲷*Hapalogenys analis*、纵带髭鲷*Hapalogenys kishinouyei*和斜带髭鲷*Hapalogenys nigripinnis*，"带"的走向就成为它们固有的分类特征。

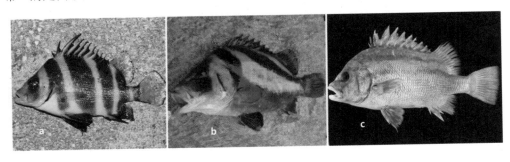

鱼类的体色

a. 横带髭鲷 *H.analis*；**b**. 斜带髭鲷 *H.nigripinnis*；**c**. 纵带髭鲷 *H.kishinouyei*

鳞片 大部分鱼类体表被有鳞片，根据鳞片的形态、构造和发生不同，分为盾鳞、硬鳞和骨鳞三类。盾鳞为软骨鱼类所特有，硬鳞也只见于一些古老的鱼类，大部分辐鳍鱼纲的种类为骨鳞，而骨鳞又可细分为栉鳞和圆鳞。

硬鳞完全由真皮形成，为深埋于真皮层中的菱形骨板，一般不做覆瓦状排列，各鳞片间以关节突相连。典型的代表为雀鳝、多鳍鱼等，我国产的鲟鱼、鳇鱼的硬鳞不很发达，仅分布于尾鳍上缘。

盾鳞由露在皮肤外面且尖端朝向身体后方的鳞棘和埋没在皮肤内的基板两部分组成。

骨鳞是最常见的一种鳞片。鳞片分为前、后两部分，前部埋入真皮内，后部外露，且覆盖于后一鳞片之上。后部边缘无细齿状的称圆鳞，而后缘密生细齿的称栉鳞。

只有少数种类，如鲇形目、某些杜父鱼类、鳗形目等鱼类鳞片埋于皮下，鳞片不明显或无鳞。

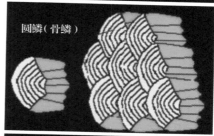

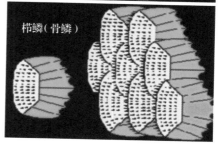

鱼类的鳞片

侧线 （Lateral Line）是鱼类的主要感觉器官，位于身体的两侧，始自鳃盖后缘终至尾鳍基部，由一列特殊的鳞片——有孔鳞构成。

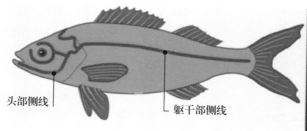

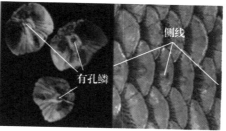

鱼类的侧线及结构

大多数鱼类体两侧都有一条侧线，但有些种类没有侧线，如刀鲚所属的鲱形目、弹涂鱼所属的虾虎鱼类等；有些鱼类侧线不止一条，如六线鱼的两侧都有3条侧线；也有些鱼类一侧有1～3条侧线，另一侧则少，甚至没有侧线；还有些鱼类的侧线断成两截，且不连续，或只有一截。

鱼类侧线的变异

a. 鳓 *Ilisha elongata*；**b**. 大弹涂鱼 *Boleophthalmus pectinirostris*；**c**. 大泷六线鱼 *Hexagrammos otakii*；
d. 三线舌鳎 *Cynoglossus trigrammus*；**e**. 断线真狼绵鳚 *Lycodichthys dearborni*；**f**. 无线鳎 *Symphurus sp.*

有些鱼类的鳞片也有特化，如鲹科鱼类全部或部分的侧线鳞特化为"棱鳞"，有些鱼类则特化成为骨板，如刺尾科鱼类，由此而成为鲹科、刺尾科区别于其他科鱼类最关键的一个特征。

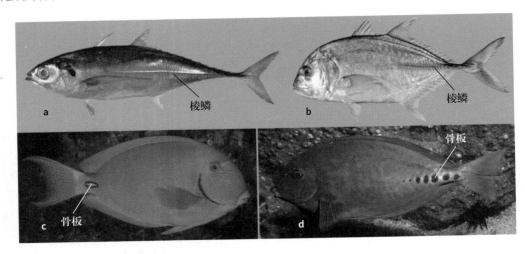

侧线的特化

a. 大甲鲹 *Megalaspis cordyla*；**b**. 珍鲹 *Caranx ignobilis*；**c**. 刺尾鱼 *Acanthurus sp.*；**d**. 多板盾尾鱼 *Prionurus sp.*

齿

鱼类的齿是真正的钙化齿，作为主要的捕食器官，用于咬住、撕裂或咬断食物。不同鱼类齿的着生位置、形状、大小、数目、排列等差异很大。

鱼类的齿通常可着生于前颌骨、上颌骨、齿骨、犁骨、腭骨及舌、咽喉部，位于前颌骨、上颌骨、齿骨的齿统称颌齿，其余分别称犁齿、腭齿、舌齿和咽齿，有些鱼类还具翼齿、副蝶骨齿等。

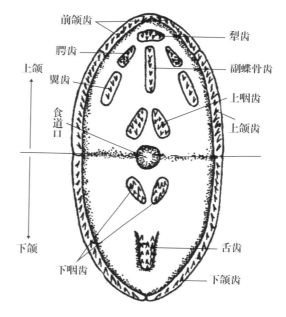

鱼类齿的位置

鱼类齿的形状多种多样，为鱼类分类的重要依据之一。

辐鳍鱼类的齿大致可分为犬牙状齿、锥状齿、臼齿、门牙状齿、板状齿、喙状齿、绒毛状齿等。

犬牙状齿尖利，有的齿端具钩状缺刻，如狗鱼、海鳗、带鱼等。锥状齿细长而尖，如大麻哈鱼、鳕鱼等。臼齿大多呈臼状，如真鲷、黄鲷等的内侧齿。门牙状齿如平鲷、四长棘鲷，鲀形目的齿愈合成板状，石鲷、鹦鹉鱼的齿呈喙状。鱼类齿的形状与其食性有密切关系，是分类的重要依据。

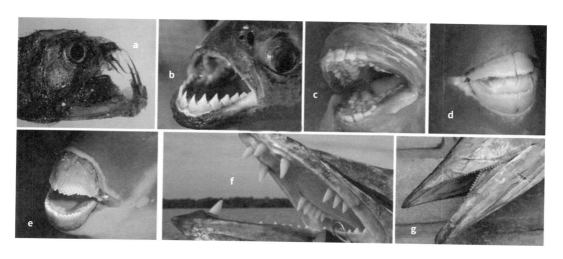

辐鳍鱼类的齿型

a. 门牙状齿；**b**. & **g**. 锥状齿；**c**. 臼齿；**d**. 板状齿；**e**. 喙状齿；**f**. 犬牙状齿

软骨鱼类的齿更为复杂，大致有以下几类。

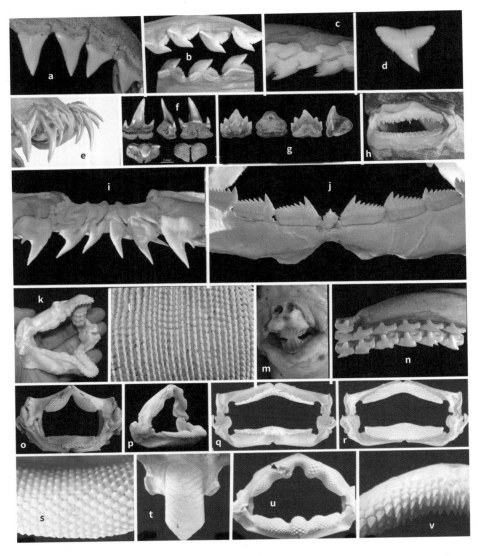

软骨鱼类齿型

a. 单峰齿（噬人鲨）；**b**. 单峰齿（鼬鲨）；**c**. 单峰齿（日本半皱唇鲨侧齿）；**d**. 单峰齿（黑印真鲨）；
e. 三峰齿（锥齿鲨）；**f**. 三峰齿（猫鲨科）**g**. 多峰齿（铰口鲨科）；**h**. 多峰齿（乌鲨上颌）；**i**. 双尖齿（灰六鳃鲨上颌）；
j. 梳状齿（灰六鳃鲨下颌）；**k**. 异形齿（狭纹虎鲨）；**l**. 颗粒状齿（鲸鲨）；**m**. 板状齿（黑线银鲛）；
n. 切齿（短吻角鲨）；**o**. 铺石状齿（星鲨属）；**p**. 铺石状齿（圆犁头鳐）；**q**. & **r**. 铺石状齿（背棘鳐）；
s. 铺石状齿（犁头鳐）；**t**. 铺石状齿（鹞鲼）；**u**. 铺石状齿（圆犁头鳐）；**v**. 背棘鳐上颌齿放大

　　大部分鱼类也有舌，但一般比较原始，没有弹性，不能活动。舌的前端一般游离，受鳃下肌控制，前部上下稍能活动，如康吉鳗科的种类。许多鱼的舌前端不游离，如鲻等。少数鱼类舌退化甚至无舌，如海龙科的种类。舌的形态一般有三角形、椭圆形及长方形，有的种类舌前端还分叉。

骨骼

鱼类的骨骼按其性质分为软骨、硬骨两类，软骨鱼纲（鲨类、鳐类及全头类）全部为软骨，而辐鳍鱼纲及肉鳍鱼纲的种类除了软骨外，还出现了硬骨和膜骨（近年来通称硬骨）。若按骨骼的所在位置则又可分为外骨骼和内骨骼。外骨骼指鳞片和鳍条，内骨骼指头骨、脊椎骨、肋骨和附肢骨骼，其中头骨、脊椎骨、肋骨也称主轴骨骼。

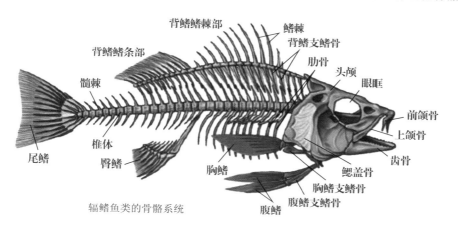

辐鳍鱼类的骨骼系统

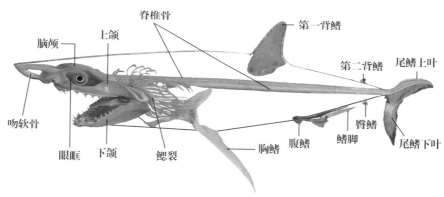

软骨鱼类骨骼（翅鲨 *Galeorhinus galeus*）

鱼类的头骨包括脑颅（Neurocranium）和咽颅（Splachnocranium）。脑颅位于头骨的上部，包藏脑及视、听、嗅等感觉器官；咽颅位于头骨下部，含口咽腔及食道前部。

软骨鱼类的头骨由整块软骨构成，没有骨片分化，脑颅又称原颅。前部为吻软骨，两侧为鼻囊，内包嗅囊。鼻囊间有一前囟，鼻囊后方的凹窝为眼囊，容纳眼球。眼囊后方为隆起的耳囊，内藏内耳。脑颅后端正中为枕骨大孔。耳囊间有一凹窝为内淋巴窝，有两对小孔，分别为内淋巴管孔和外淋巴管孔，与内耳相通。枕骨大孔下方两侧的突起为枕髁，与脊柱关节相连。脑颅上还有一些血管、神经的开孔。

辐鳍鱼类的脑颅已骨化为许多小骨片，比软骨鱼类复杂。按所在部位可分为鼻区、眼区、耳区及枕区，分别包围嗅囊、眼球、内耳及枕孔。鼻区又称筛骨区，眼区也称蝶骨区。每个区都由若干骨片组成，不同种类略有不等。

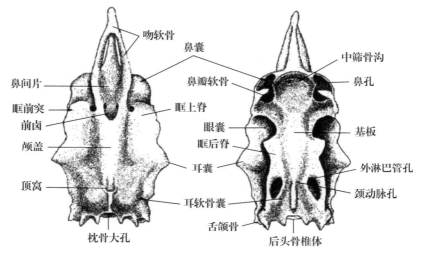

星鲨的脑颅

咽颅位于头骨下方，环绕消化管的前段，支持口、舌及鳃片，又称咽弓，由包含口咽腔及食道前部的颌弓、舌弓及鳃弓等组成。

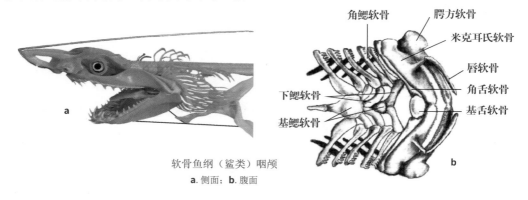

软骨鱼纲（鲨类）咽颅
a. 侧面；**b**. 腹面

脊柱由头骨后至尾鳍基的脊椎骨组成，分为躯椎和尾椎，躯椎具肋骨。

辐鳍鱼类的躯椎由椎体、髓弓、椎管、髓棘及椎体横突组成，髓弓前、后分别有前关节突和后关节突。尾椎由椎体、髓弓、椎管、髓棘及脉弓、脉棘组成，最后几个尾椎的脉棘或髓棘常和尾鳍基部连接，且上翘突起，称为尾部棒状骨（Urostyle）。

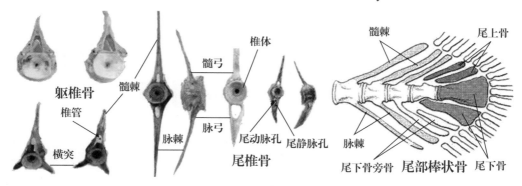

硬骨鱼类的椎骨

软骨鱼类椎体并不骨化，但有不同程度的钙化，如常说的"钙化辐条"，以此增强坚固性。不同种类的钙化程度有所差异，也是分类依据之一。

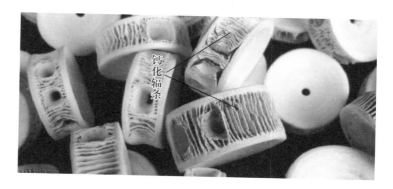

软骨鱼类（真鲨）椎体的"钙化辐条"

鱼类的肋骨(Rib)可分为背肋及腹肋，各肋骨基部仅以一关节突与椎骨相连。板鳃类的肋骨少，前几个躯椎及后部大部分尾椎均无肋骨。全头类无肋骨。低等辐鳍鱼类，如鲱形目等，还具有肌间骨(Intermuscular Bone)，由椎体两侧生出，随着鱼类的进化而逐渐减少，到鲈形目等肌间骨已完全消失。

支持各鳍的骨骼称附肢骨骼，分为支持奇鳍的支鳍骨和支持偶鳍的支鳍骨。奇鳍支鳍骨(Pterygiophore)，也称担鳍骨。除尾鳍外，担鳍骨的数目与背、臀鳍的鳍条数一致，即每一枚鳍条由一列(1～3节)支鳍骨支持。支持胸鳍的骨骼称肩带(Pectoral Girdle)，支持腹鳍的骨骼称腰带(Pelvic Girdle)，在不同的类群中，肩带骨、腰带骨的组成数目、形态等都有较大变化。

腰带的标准位置在腹部，即腹位，但许多种类，或前移至胸鳍腹面，形成腹鳍胸位，如鲈鱼；或移到胸鳍之前，形成腹鳍喉位，如鳕鱼；或推移到下颌部，形成腹鳍颏位，如鼬鳚。这些都是分类的主要依据之一。

鱼类腹鳍的位置
a.腹鳍腹位；**b**.腹鳍胸位；**c**.腹鳍颏位；**d**.腹鳍喉位

尾鳍的支鳍骨因尾部椎骨后端的骨骼发生一些特化而产生了尾鳍的"多样性"。

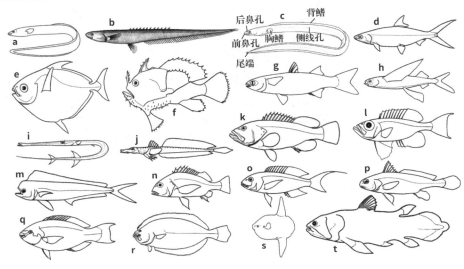

硬骨鱼类不同类型的尾鳍

a. 鳗鲡科 Anguillidae；**b**. 背棘鱼科 Notacanthidae **c**. 蛇鳗科 Ophichthidae；**d**. 遮目鱼科 Chanidae **e**. 月鱼科 Lampridae；
f. 躄鱼科 Antennariidae **g**. 鲻科 Mugilidae；**h**. 飞鱼科 Exocoetidae **i**. 烟管鱼科 Fistulariidae **j**. 棘鲬科 Hoplichthyidae
k. 鮨科 Serranidae；**l**. 大眼鲷科 Priacanthidae；**m**. 鲯鳅科 Coryphaenidae；**n**. 石鲈科 Haemulidae；**o**. 金线鱼科 Nemipteridae；
p. 石首鱼科 Sciaenidae；**q**. 鹦嘴鱼科 Scaridae；**r**. 牙鲆科 Paralichthyidae；**s**. 翻车鲀科 Molidae；**t**. 矛尾鱼科 Latimeriidae

软骨鱼类中的鳐类，大多尾部呈鞭状，没有尾鳍；鲨类的尾鳍主体呈"扫把形"，但种类间差异也很大。

常见鲨类的尾鳍

a. 浅海长尾鲨；**b**. 长臂鲭鲨；**c**. 白斑角鲨；**d**. 豹纹鲨；**e**. 皱鳃鲨；
f. 佛氏虎鲨；**g**. 棘鲨；**h**. 鲸鲨；**i**. 锤头双髻鲨；**j**. 黑鳍盾尾鲨

肌肉与发电

鱼类的主要肌肉为体节肌（Somatic Muscle）及鳃节肌（Branchiomeric Muscle），从组织结构上分类都属横纹肌。体节肌包括中轴肌和附肢肌肉，鳃节肌多分布于咽鳃区。

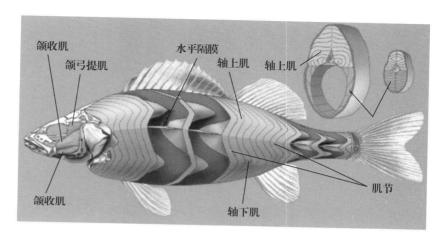

辐鳍鱼类的体节肌

有些鱼类，如电鳗 *Electrophorus Electricus*、电鳐 *Torpedo sp.*、电鲇 *Malapterurus Electricus* 等，具特殊的发电器官。这些发电器官大部分由肌肉衍生而成，有的来自尾部肌肉，如电鳗；有的来自鳃肌，如电鳐；有的来自眼肌，如电瞻星鱼；有的来自真皮腺体组织，如电鲇。我国沿海只产电鳐。

发电器官一般由许多电细胞（Electrocyte，Electroplates），也称电板的盘形细胞所构成，电细胞排列比较整齐，而且都朝着同一方向、叠成柱状构造。电细胞浸润在细胞外的胶状结缔组织中。每个电细胞一面比较光滑，上有许多神经分支分布，为特化的神经层；相对一面则粗糙，且有乳突，上有血管分布，即营养层。电细胞的细胞质比较透明，与周围的肌肉可清晰分辨。不同鱼类电细胞柱的数目以及每一柱内电细胞的数目并不相同，且电细胞柱的排列方向也不同，有的纵向排列，与头尾轴平行，如电鳗；有的则横向排列，与头尾轴垂直，如电鳐。

栖息于美洲亚马孙河中的电鳗是现生鱼类中发电能力最强的一种，它的发电器官在尾部两侧，是由尾部肌肉变异而成的，放电时最高电压可达600～800 V，连最凶狠的鳄鱼也怕其三分。

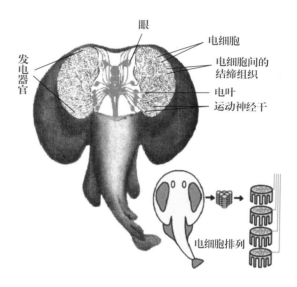

电鳐 *Torpedo* 的发电器官

发电鱼类常在防御敌害、捕食或求偶时放电，一经放电后，电压逐渐下降，需休息一段时间后方能恢复发电功能。

据传南美洲的一些国家在捕捉电鳗（当地作为一种美食）前，先将鸭子赶入河中，电鳗受鸭子侵扰，就开始放电，而鸭子受到电击后，就越发扑腾，这进一步刺激了电鳗放电，如此一来，电鳗很快就"没电"了，然后渔民就开始下河抓捕。

鱼类的呼吸

鱼类以鳃呼吸，依靠口和鳃盖的运动，使水出入鳃部，营呼吸作用。

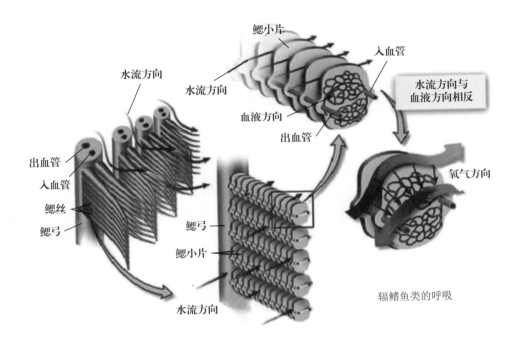

辐鳍鱼类的呼吸

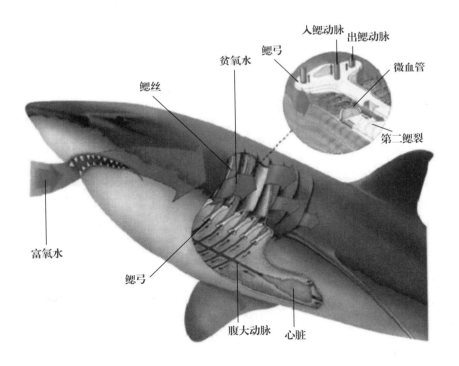

软骨鱼类的呼吸

除了鳃，有些鱼类还有其他特殊的呼吸器官。

我们常说"鱼儿离不开水"，但常见的弹涂鱼（跳跳鱼）能在泥滩上打滚；鳗鲡（河鳗）在繁殖前要"爬山涉水"赶赴大海；池塘养殖的泥鳅，在清晨常会"放屁"。还有一种小型淡水鱼类——攀鲈，据传人们第一次发现它是在一株几米高大树上的鸟窝里，开始以为是爬上去的，故称攀鲈。其实这些鱼的身上有一类辅助呼吸器官（Acessory Resperitory Organs），能较长时间离开水或者在含氧量极低的水中生活。

常见的辅助呼吸器官包括皮肤、肠及口咽腔黏膜、鳃上器官（Labyrinth Organ）及鳔（Swin Bladder）。

鳗鲡、鲇、弹涂鱼、肺鱼等的皮肤有辅助呼吸功能，能有限地从空气中吸收氧气；泥鳅可利用肠及口咽腔黏膜呼吸，黄鳝的咽腔黏膜也有类似的功能；胡子鲇 *Clarias fusus*、乌鳢 *Ophicephalus argus*、攀鲈 *Anabas scandens* 及斗鱼 *Macropodus opercularis* 等淡水鱼类的辅助呼吸器官则为鳃上器官。

鳃上器官由鳃弓或舌弓的一部分骨骼特化而成，可以直接利用空气中的氧气进行气体交换；生活在非洲、美洲的一些肺鱼类在旱季前进入休眠，还能借以鳔呼吸。

旱季中的肺鱼

鱼类的繁殖

绝大部分鱼类为雌雄异体，少数辐鳍鱼纲的鱼类也有雌雄同体，甚至性逆转现象。

软骨鱼类的雌雄个体在外形上区别明显，表现在雄性有鳍脚（Clasper），即交接器，由腹鳍的内侧特化而成。其中银鲛类的雄性个体除了腹鳍脚外，还有"额鳍脚"（Frontal Tenaculum）、"腹前鳍脚"（Prepelvic Tenaculum），除了腹鳍脚，"额鳍脚""腹前鳍脚"并非用于交配，而只是在交配时方便"拥抱"，起抱握作用。腹前鳍脚在不用时可收缩在一个特定的囊中。

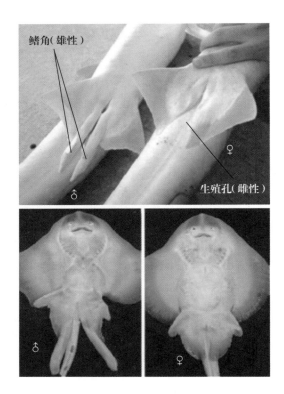

鲨类和鳐类的鳍脚

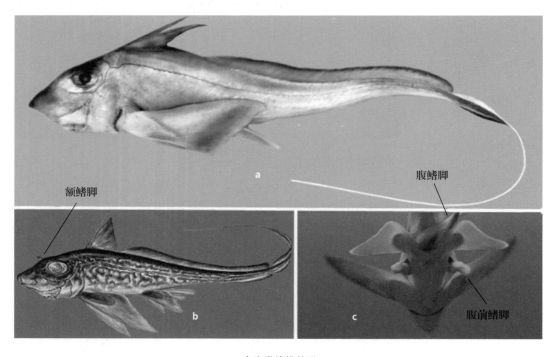

全头类雌雄外形
a. 雌性个体；**b. & c.** 雄性个体

有些辐鳍鱼类虽然在外形上很难区分雌雄，但在繁殖季节，雄性会出现一些艳丽的颜色，即婚姻色、珠星等，如某些鲑形目的鱼类。

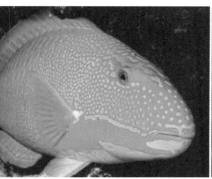

各种鱼类的婚姻色

少数辐鳍鱼类有雌、雄同体现象，即在同一鱼体的性腺中同时存在卵巢和精巢，其中极少数种类为永久性雌雄同体，且能自行受精，如鮨科中的九带鮨 *Serranus cabrilla*、斑鳍鮨 *Serranus hepatus* 等，但多数不能自体受精。

终生雌雄同体的鱼类
a. 斑鳍鮨 *Serranus hepatus*；**b**. 九带鮨 *Serranus cabrilla*

少数鱼类在性腺发育过程中有性逆转的现象，在某一季节或一定的体长，性腺常会出现逆转，如某些石斑鱼，幼鱼到性成熟期为雌性，以后就转变为雄性。

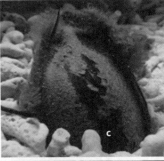

鱼类的生殖方式大致可分成卵生、卵胎生以及假胎生3种类型。

绝大多数鱼类为卵生型。雌雄个体同时排出精、卵，在海水中完成受精和全部发育过程；软骨鱼类具有交接器，先在体内受精，受精卵在包被角质卵壳后产出体外，附着在海藻、石块或其他物体上，完成胚胎发育。

部分软骨鱼类的卵

a. 墨西哥虎鲨 *Heterodontus mexicanus*
b. 埃氏宽瓣鲨 *Haploblepharus edwardsii*
c. 科氏兔银鲛 *Hydrolagus colliei*
d. 鲸鲨 *Rhincodon typus*
e. 斑竹鲨 *Chiloscyllium sp.*
f. 绒毛鲨 *Cephaloscyllium sp.*

少数种类，如斜杜父鱼*Clinocottus analis*的雌鱼有一种特殊的贮精囊，雄鱼通过交配，可将精子提前贮存其内并保存三个月之久，当雌鱼卵成熟时，精子便游到卵巢内受精，但受精卵没有卵膜，且受精后直接排出体外，在水中开始卵裂。

海马、海龙是最熟悉的鱼类，也属卵生类型，但奇特的是雌海马将卵产在雄海马特有的"育儿囊"内，卵在囊中受精、发育，直至孵化出小海马。

与海马同目的海龙、剃刀鱼，都属于这种类型，它们都有一个"模范爸爸"。

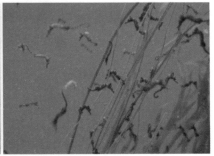

海马的繁殖过程

卵胎生是指受精卵在雌体的体腔内发育，直至幼体"出生"。在孵化期间，胚体的营养靠自身的卵黄输送，母体只通过输卵管提供适当的水分和矿物质，如软骨鱼类中的一些鲨类和鳐类以及辐鳍鱼类中的海鲋*Cymatogaster aggregata*、褐菖鲉*Sebastiscus marmoratus*等，这种方式受精卵的成活率高，但产量低，通常每产只有几个到30余个不等。

卵胎生——海鲋 *Cymatogaster aggregata*

某些板鳃鱼类，如灰星鲨*Mustelus griseus*、鸢鲼*Myliobatis tobijei*和一些魟类，生殖管体壁上有一些凸起，类似于哺乳动物胎盘的构造，称为卵黄胎盘。卵黄胎盘有一长"脐带"与胚胎相连，胚体的营养不仅依靠本身的卵黄，还能通过血液循环接受母体的营养。这种类似哺乳动物胎生的繁殖方式称之为假胎生。

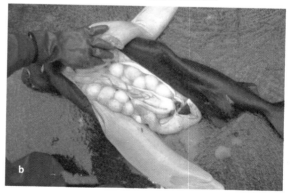

假胎生
a. 灰星鲨 *Mustelus griseus*；**b**. 乌鲨 *Etmopterus sp.*

"护犊",是动物界的普遍现象,鱼类也不例外。许多鱼类在产卵前要筑巢,产卵后会护卵,孵化后还会护幼。据研究,全球约有17%的鱼类会看护自己的"卵",而6%的鱼类不仅能护卵,还能"看护"自己的"孩子"。

有些鱼类构筑的产卵巢很有特色,可谓巧夺天工,估计有很多建筑师都会自叹不如。如八棘多刺鱼 *Pungitius pungitius*、白斑窄额鲀 *Torguigeneralbomaculosus*等。

精致的卵巢
a. 八棘多刺鱼隧道式产卵巢;**b**. 白斑窄额鲀;**c**. 白斑窄额鲀城堡式产卵巢

鱼类护卵的形式更是多种多样,如燕鳐鱼、秋刀鱼等,为防止受精卵流失,将受精卵胶在一起;锦鳚则不吃不喝、寸步不离守护;钩鱼将受精卵顶在头上;某种甲鲇挂在腹下一专门的"口袋"内;口孵罗非鱼则含在口中直到孵化。

不同鱼类的护卵行为
a. 锦鳚 *Pholis gunnellus*;**b**. 印度钩鱼 *Kurtus indicus*;
c. 甲鲇属 *Loricaria sp.*;**d**. 口孵非鲫 *Oreochromis sp.*

■ 鱼类大观

现生鱼类分软骨鱼纲Chondrichthyes、辐鳍鱼纲Actinopterygii和肉鳍鱼纲Sarcopterygii 3个纲。

软骨鱼纲 Chondrichthyes

软骨鱼纲的骨骼全部由软骨组成，有些种类或具钙化辐条，脑骨无缝，体被盾鳞，或退化，齿多样化。外鳃孔每侧5～7个，独立开孔，或4个，外被一膜状鳃盖。雄性的腹鳍里侧常特化为鳍脚。下设全头亚纲Holocephali和板鳃亚纲Elasmobranchii 2个亚纲。

全头亚纲的种类，体一般光滑无鳞，鳃孔外被膜状鳃盖，背鳍棘能活动。雄性除腹鳍脚外，还具腹前鳍脚及额鳍脚。现生种类不多，仅54种，我国相对常见的只有黑线银鲛 *Chimaera phantasma*。

银鲛与鲨类

a. 黑线银鲛 *Chimaera phantasma*；**b**. 狭纹虎鲨 *Heterodontus zebra*；**c**. 鲸鲨 *Rhincodon typus*；
d. 姥鲨 *Cetorhinus maximus*；**e**. 路氏双髻鲨 *Sphyrna lewini*；**f**. 灰六鳃鲨 *Hexanchus griseus*

板鳃亚纲的鱼类有5～7对外鳃孔，雄性无腹前鳍脚及额鳍脚。本亚纲种类繁多，全球约1 150种，通常分成鲨和鳐两大类。鲨类体通常呈纺锤形，鳃孔位于头后部两侧，体被盾鳞。

虎鲨Heterodontus，因与"虎"有关，似乎强大、凶残，但其实却是相对温和的小型鲨类，通常只以底栖甲壳类、棘皮及软体动物为食。鲸鲨Rhincodon typus，是鱼类中的"大哥大"，雄性体长最长可达17 m，而雌性可达20 m，重34 t，足可与抹香鲸一比。姥鲨Cetorhinus maximus个体也不小，属鱼类中的"二哥大"，最大体长可达15.2 m，因体重与非洲大象相当，故有些地方称为象鲨。鲸鲨和姥鲨虽体形庞大，但因缺少"凶残"的资本——尖利的牙齿，因而性情显得温和。

噬人鲨Carcharodon carcharias、公牛真鲨Carcharhinus leucas和鼬鲨Galeocerdo cuvier，这3种鲨个体大小与鲸鲨、姥鲨虽不是一个级别，但其凶残程度可以说是鱼类之最，不仅攻击海狮、海豹，还常袭击人类，凭这些"不良"记录，人们称之为"五星"级鲨鱼，当然这个星并非五角星，而是常用于剧毒品的标志——骷髅。

最凶残的三大鲨鱼

a. 噬人鲨 *Carcharodon carcharias*；**b**. 公牛真鲨 *Carcharhinus leucas*；**c**. 鼬鲨 *Galeocerdo cuvier*

软骨鱼类中还有许多长相怪异的种类，有人戏称"外星物种"，或来自科幻片中的想像，如巨口鲨*Megachasma pelagios*、欧氏尖吻鲨*Mitsukurina owstoni*（剑吻鲨）、锯鲨*Pristiophorus*、锯鳐*Pristis pristis*、双髻鲨*Eusphyra*、扁鲨*Squatina*，其实它们都是真实存在的，只是极其罕见罢了。

形状怪异的鲨鱼

a. 巨口鲨 *Megachasma pelagios*；

b. 欧氏尖吻鲨 *Mitsukurina owstoni*；

c. 锯鲨 *Pristiophorus*；

d. 扁鲨 *Squatina*；

e. 双髻鲨 *Eusphyra*

159

许多鲨鱼曾因其是"经济种类"而成为沿海各国的捕捞对象，肉、皮、骨骼都是食用、药用原料，尤其是鳍，用以制作"鱼翅"。随着鲨鱼资源的减少，许多国家已禁止捕捞或实行贸易管制。

鳐类身体平扁、光滑，体背或具零星的短棘，鳃孔位于头部腹面，包括鳐、魟、鲼等。

电鳐是一种特形鱼类，全球记载有65种，我国有13种。在其体盘两侧，各有"一台大型发电机"，理论上应该是其出奇制胜的利器，但可能是个体太小，发出的电压微弱，光凭"发电"估计难以改善生存条件，一直处于稀少之列。

锯鳐*Pristis pristis*主要栖息于浅海河口附近，也可进入淡水中生活，外形与锯鲨相近，但体型要大得多，最大体长可达7.5 m，体重900余公斤。如此庞然大物，加上其恐怖的吻锯，曾长时间被人们当作"海怪"，传说中有许多海难都与它有关。

1582年西方一名外科医生在出版的书中曾将锯鳐描述成"海洋独角兽"（Sea Unicorn），"额头上长着一个角，像一把锯子，长三英尺半，宽四英寸，两侧有非常锋利的锯齿。"我国台湾地区称锯鳐为大剑鲨，其吻锯被用来挡煞、镇宅、开运，列五宝之首，或用来调遣天兵天将。直到现在还有许多人喜欢在家中悬挂鲨鱼剑，用以驱邪祛魔、镇鬼除妖。

魟是鳐类中最可怕的一些类群，椭圆形的体盘后拖着一条粗长的"尾"，尾的后半部长有一枚尾刺。这是它自卫的一种利器，毒性极强，一旦被刺，轻则即刻红肿、疼痛难忍，重则生命不保。在我国台湾地区，流传有"一魟、二虎、三沙毛"之说，可见魟是排名最前的刺毒鱼类之一。

澳大利亚"鳄鱼猎手"史蒂夫·欧文（Steve Irwin）曾凭借徒手捕捉蟒蛇、鳄鱼等惊险表演征服了全球亿万电视观众，也是以《动物星球》《探索》等节目为中国观众所熟悉的电视明星，2006年在澳大利亚昆士兰州东北部海岸大堡礁附近水域拍摄《最危险海洋生物》节目时，被魟鱼尾部毒刺刺中，不幸遇难。

尾刺

剧毒的魟鱼
a. 沙粒魟 *Urogymnus sp.*；**b**. 黄魟 *Hemitrygon bennettii*

蝠鲼类都是大型种类，其中双吻前口蝠鲼 *Manta birostris* 更是庞然大物，也称鬼蝠魟，两"翼"展开时最宽可达9.1 m，重达3 t以上。

蝠鲼的头部两侧都长有头鳍，头鳍可以自由转动，可以用来驱赶食物或将食物拨入口内，近似于手的功能。因其个体巨大且长相怪异，被人们称之为"魔鬼鱼"。

"魔鬼鱼"个体虽大，但并不笨重，相反，在水中游动时，扇动着三角形胸鳍，拖着一条硬而细长的尾巴，动作轻盈，如同蝙蝠。尤其在繁殖季节，成群的蝠鲼会用双鳍拍击，跃出水面在空中做旋转状的跳跃、"滑翔"，落水时声响犹如打炮，波及数里，非常壮观。

魔鬼鱼——双吻前口蝠鲼 *Manta birostris*

辐鳍鱼纲 Actinopterygii

辐鳍鱼纲也称条鳍鱼纲，现生种类有25 800多种，是鱼总纲中种类最多的一个类群。

与软骨鱼类不同，辐鳍鱼纲的种类或多或少出现了硬骨。按最新分类，本纲鱼类也分为腕鳍鱼亚纲Cladistia、软骨硬鳞鱼亚纲Chondrostei和新鳍鱼亚纲Neopterygii 3个亚纲。

腕鳍鱼亚纲Cladistia为一群比较古老的辐鳍鱼类，仅1目1科2属，共18种。体呈长梭形或鳗形，外被类似骨板的菱形硬鳞，具喷水孔，背鳍具5～18个分离小鳍，故称多鳍鱼类，仔鱼期间都有外鳃，成体体长为300～1 200 mm，分布于非洲淡水水域，我国不产。

腕鳍鱼类个性凶猛，国内多有引进做观赏鱼养殖，俗称恐龙鱼，其中鲈鳗 *Erpetoichthys calabaricus* 体呈鳗形，无腹鳍，又名为"草绳恐龙"，成体体长在400 mm左右。

腕鳍鱼类
a. 鲈鳗 *Erpetoichthys calabaricus*（草绳恐龙鱼）；
b. 多鳍鱼 *Polypterus sp.*（恐龙鱼）

软骨硬鳞鱼亚纲Chondrostei，也称软质亚纲或硬鳞鱼类，为硬骨鱼中最原始的类群，主要特征是具喷水孔、肠内具螺旋瓣、尾柄及尾鳍上叶有菱形硬鳞，歪型尾。现生鱼类只有鲟形目，2科6属，共28种，其中大部分生活于淡水，少数为海淡水洄游种类，如中华鲟、达氏鲟等。

中华鲟为我国特有种，主要分布于长江干流和近海，为底层、洄游或半洄游性鱼类。每年5～6月常集群于河口，秋季上溯至长江上游，以摇蚊和其他水生昆虫的幼虫、软体动物以及小型鱼类为食。常见个体重50～300 kg，最大个体可达600 kg，在四川有"千斤腊子万斤象"之说，最长寿命可达40龄。1981年起被列为国家一级保护动物。

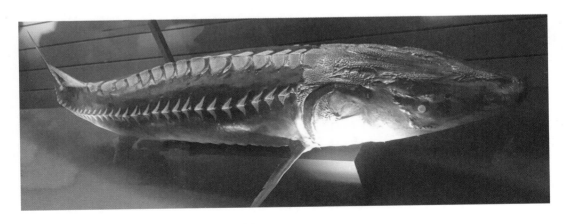

中华鲟 *Acipenser sinensis*

新鳍亚纲Neopterygii，为现生鱼类中种类数量最多的一个亚纲，主要特征是背鳍和臀鳍基条数与支鳍骨数一致。分42个目，共25 700余种，其中雀鳝目Lepisosteiformes、弓鳍鱼目Amiiformes、月眼鱼目Hiodontiformes、骨舌鱼目Osteoglossiformes、鲤形目Cypriniformes、脂鲤目Characiformes、电鳗目Gymnotiformes、狗鱼目Esociformes、鲑鲈目Percopsiformes、鳉形目Cyprinodontiformes、合鳃鱼目Synbranchiformes等11个目为淡水鱼类。

日本鳗鲡Anguilla japonica为海淡水洄游性鱼类，隶属于鳗鲡目Anguilliformes。因其长于江河、湖泊，故称河鳗，但却生于大海。在江河中生长的鳗鲡，繁殖就得降河入海，孵化后的幼体又会循着它们前辈的"来路"，慢慢漂浮、洄游入河。每年春初，在幼体入河之前，江、浙、闽一带的近海会形成规模宏大的捕捞场面，俗称柯鳗苗、柯鳗秧汛期。如此捕捞场面，也不得不令人担忧——鳗鲡有朝一日会突然灭绝。

规模宏大的捕鳗苗场面

宽咽鱼*Eurypharynx pelecanoides*，隶属于囊鳃鳗目，是一种高度特化的鱼类，俗称吞鳗，体延长呈鳗形，眼细小，位近前端，口巨大，两颌甚长，生活于深海。就这副长相，配上人们的想象力，"吞鳗"这几年一直是"网红"明星。

吞鳗——宽咽鱼

刀鲚*Coilia nasus*，隶属于鲱形目。本是小型、多刺的鱼类，由于环境被破坏，资源逐渐稀缺，被人们大肆操作，加上历史"名人"的笔墨，摇身一变，成为长江名鱼，现在的身价没有金价，也值银价了。

刀鲚——长江三鲜之一

线纹鳗鲇*Plotosus lineatus*，习称鳗鲇，隶属于鲇形目，在台湾及闽南一带称沙毛，为主要刺毒鱼类之一。

经济学中常说的"鲇鱼效应"，是指引进竞争机制，提高企业活力，源自一段鲇鱼的故事。据传，挪威人喜欢吃沙丁鱼，尤其是活鱼，活鱼的价格自然要比死鱼高出许多，所以渔民总是想方设法让沙丁鱼活着回到渔港，但虽经种种努力，绝大部分沙丁鱼还是在途中死亡。但也有一条渔船总能让大部分沙丁鱼活着回到渔港，这里面的秘密老船长自然守口如瓶，直到这位船长去世，谜底才被揭开。原来，老船长在装满沙丁鱼的鱼槽里放进了一尾以鱼为主要食物的鲇鱼，由此引发了沙丁鱼们的恐慌，于是开始加速游动，不停地躲闪，一直保持着"活力"，最后大部分能活蹦乱跳地回到了渔港，奇迹就这样产生了。此后"鲇鱼效应"逐渐扩大到各类经济活动之中。

线纹鳗鲇 *Plotosus lineatus*

大口马苏大麻哈鱼*Oncorhynchus masou macrostomus*，习称驼背大麻哈鱼，隶属于鲑形目，为著名的溯河性鱼类，平时生活在大海，尤以太平洋北部为多，在其性成熟后，便开始成群结队地溯河，朝着它们的出生地沿江而上。溯河沿途既有峡谷、急流、瀑布，也有大批的棕熊拦路"设卡"，可大麻哈鱼们从不退却，不辞辛劳，不计风险，义无反顾，浩浩荡荡地冲过重重阻扰，直到目的地。进入产卵地后，用尽最后力气，产下后代。

鱼卵经一段时间孵化后，幼鱼陆续降河入海。

大口马苏大麻哈鱼 *Oncorhynchus masou macrostomus*

石川氏粗鳍鱼*Trachipterus ishikawae*和勒氏皇带鱼*Regalecus russelii*是月鱼目Lamprid-iformes中的大型鱼类。

勒氏皇带鱼的最大体长可达8 m，石川氏粗鳍鱼稍小，但也有3.4 m之长，这两种鱼外形与带鱼相似，故沿海渔民称之为"龙带"，平时都生活在200 m以下的深海，极少在近海出现。但这两种鱼也常常在近海被发现、捕获。凑巧的是，每次出现又常与周围海域的地震相吻合，多年的统计也有此迹象，于是人们就称其为"地震鱼"。

大多数人认为，有些动物往往会在地震前表现出一些异常动作，鱼类也不例外。这类鱼平时深居海底，当其感知到海底地震或海底火山爆发前的一些"异常"时，会表现出"趋避"行为，即逃离现场去寻找合适的场所，而"逃离"时如果选择浅海，则有可能被捕获。当然，目前还缺少更科学的发现。

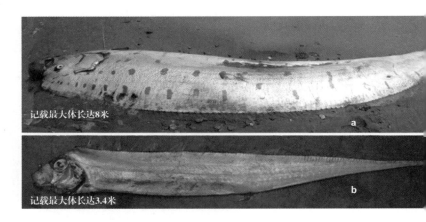

记载最大体长达8米 a

记载最大体长达3.4米 b

"地震鱼"

a. 勒氏皇带鱼 *Regalecus russelii*；**b**. 石川氏粗鳍鱼 *Trachypterus ishikawae*

大西洋鳕*Gadus morhua*，隶属于鳕形目，那是一种充满传奇色彩的鱼类。

1497年，西欧航海家约翰卡波特在加拿大的纽芬兰岛沿岸发现了异常丰富的大西洋鳕，当时的记载说，"那里的海全是鱼，不仅可以用网捕鱼，还可以用渔篮捕"，"那边的鱼层太厚了，我们几乎没办法划船过去"，"可以踩着鱼背上岸"。

随着这一发现，大批葡萄牙人、法国人和英国人纷纷来到纽芬兰浅滩捕鱼，并在纽芬兰岛沿岸建立起了一座座大小渔村，著名的纽纷兰渔场就此形成。这一盛况自15世纪一直维持到20世纪的中期，鳕鱼产量开始下降，到了20世纪90年代，产量仅为往年的2%。

以前人们没想过，纽芬兰渔场的鳕鱼如此之多，怎么会有一天它被捞捕殆尽？——说到底，源于人们的贪婪。

大西洋鳕 *Gadus morhua*

鮟鱇鱼有"海底渔夫"之称，不过并非指某一种鱼，而是鮟鱇鱼目Lophiiformes的大部分种类。

国内很多地方称鮟鱇鱼为"海蛤蚆"，即海底的蛤蟆，食量极大且贪吃。解剖发现，正常情况下鮟鱇鱼体内的食物可占其体重的2/5左右，几乎是它周围能出现的生物都会成为它的食物，连以凶残著称的海鳗也不放过。

鮟鱇鱼捕食技巧主要体现在"钓"技上。在其眼后头顶有一枚"钓杆"，杆的端部有一团平时呈白色、晚上能发光的肉赘，"钓鱼"时，钓杆还会不停晃动，以此引诱小鱼、小虾，智商之高，不愧为"海底渔夫"。

蟾鱼则是鮟鱇鱼的近亲，虽说在"钓"技上略逊于鮟鱇鱼，但它的胸鳍特化成爪状，既可在海底爬行，又可攀附在一些海藻中，多半是依靠伪装——拟态捕猎，且命中率极高，被称为隐藏在海藻丛中的职业"杀手"。

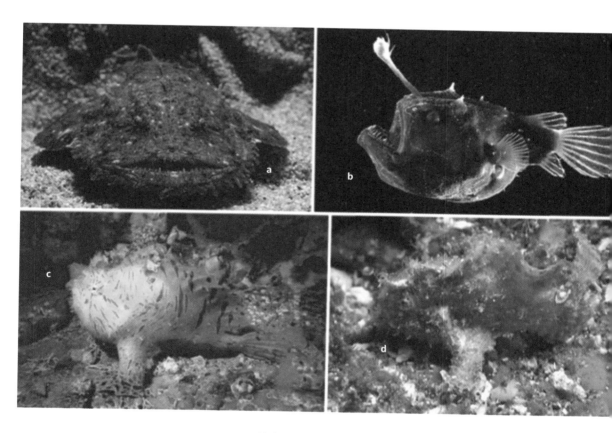

海底渔夫

a. 黄鮟鱇 *Lophius litulon*；**b**. 约氏黑角鮟鱇 *Melanocetus johnsonii*；**c**. 毛蟾鱼 *Antennarius hispidus*；**d**. 细斑手蟾鱼 *Antennatus coccineus*

燕鳐鱼，隶属于颌针鱼目Beloniformes，为热带及暖温带水域集群性上层鱼类，善于在海面上滑翔，故俗称飞鱼。头短，体流线型，胸鳍特别发达，又长又宽，酷似鸟类的翅膀，还有尾鳍，也类似飞机的尾翼。

有人专门研究过它们的"飞行"技巧，先是在水下加速，当快接近水面时，胸鳍紧贴身体，一旦冲出水面就把鳍张开，而还在水中的尾部再快速拍击，利用水面的反作用力腾空。飞鱼的滑翔速度可达每小时16 km，滑翔高度1～2 m，一次滑翔的持续时间最长可达45秒。飞鱼为什么要"飞"？研究发现，主要是逃避金枪鱼、剑鱼、鲯鳅等各种凶猛鱼类的追捕，或受船只机器声的惊扰，有时出于趋光习性。燕鳐鱼的这一习性，也常常会招致军舰鸟（Frigatebirds）等的空中截杀。

滑翔中的燕鳐鱼 *Cheilopogon sp.*

刺鱼目Gasterosteiformes的种类大多为近岸小型鱼类，体形不规则，口小，前位，吻一般呈管状，体多数被骨板，如常见的海马、海龙、剃刀鱼等。这些鱼的共同特点是雄性个体腹部有一育儿囊，本该在水中或由雌体负责的孵化任务全部由雄性担当，所以戏称它们既能当爹又能当娘。另外，此类鱼游泳能力很弱，但善于"拟态"，以此来保护自己。

既当爹又当娘的鱼类
a. 海马 *Hippocampus sp.*；**b**. 剃刀鱼 *Solenostomus sp.*；**c**. 海龙 *Syngnathus sp.*

玫瑰毒鲉Synanceia verrucosa和翱翔蓑鲉Pterois volitans是鲉形目Scorpaeniformes中最有名的刺毒鱼类，两者毒性之强，并不亚于前述的魟鱼。

翱翔蓑鲉身材高挑，体色艳丽，又有细长、斑斓的鳍条，水中缓缓一动，犹如一簇移动的花朵，引很多水簇爱好者争相饲养。而玫瑰毒鲉则显得狰狞、丑陋，给人以猥琐、恐怖的感觉。两者虽然长相不同，但"师出同门"，刺毒原理一样，且毒性极强。

刺毒通常包括两个部分，一是棘（即粗壮的刺），其上有毒腺的通道，类似于注射器的针头。二是棘基部的组织中有一块毒腺，当鱼受刺激时毒腺可通过棘上的通道急速释放出来。如果被刺中大血管，可能会有生命危险，所以人们习惯称翱翔蓑鲉为狮鱼（Lion Fish），玫瑰毒鲉也被称为石鱼（Stone Fish），平时看似低调，可待在某一角落一动不动，不注意看还真的像块石头，实则是一种伪装。

善于伪装的刺毒鱼类
a. 玫瑰毒鲉 *Synanceia verrucosa*；
b. 翱翔蓑鲉 *Pterois volitans*

毒鲉的机关

鲈形目Perciformes为真骨鱼类中种类最多的一个目，有20个亚目，160科，1 791属，10 757种，也是多源性的类群，种类之间形态差异极大。

本目中的花鲈科、鮨科、鲹科、石首鱼科、鲷科、石鲈科、带鱼科、鲭科、鲳鱼科等，包含了我国最主要的经济鱼类。

花鲈科Lateolabracidae中最常见的是日本花鲈*Lateolabrax japonicus*，俗名很多，有中国花鲈、花鲈、七星鲈等。我国沿海均有分布，也是主要海钓及养殖种类。

鮨科Serranidae主要是石斑鱼属的种类，全球共90余种，我国产43种，栖息于水深在50 m以上的岩礁洞穴或岩缝中。石斑鱼在闽浙一带俗称"鸡鱼"，为什么有此俗称，据传是刚钓上来的石斑鱼，由于起线速度快，体内的鳔受水压的变化，被挤入口腔，俗称"胀鳔"，渔民会用细针穿刺，将鳔内的气放掉，这样就能使鳔慢慢复位。在处理过程中石斑鱼会发出咯咯的叫声，类似于母鸡刚下完蛋，故有鸡鱼之称，而石斑鱼的英文名"Grouper"则也是"咯咯"的音译。

绝大部分石斑鱼个体较小，个别种类个体很大，如鞍带石斑鱼*Epinephelus lanceolatus*，俗称龙胆石斑鱼，最大体长达2.7 m，重400 kg以上。

常见鮨科鱼类

a. 日本花鲈 *Lateolabrax japonicus*；**b**. 雪花下美鮨 *Hyporthodus niveatus*；
c. 褐带石斑鱼 *Epinephelus bruneus*；**d**. 鞍带石斑鱼 *Epinephelus lanceolatus*

鲹科Carangidae鱼类的最大"看点"是侧线，绝大部分鱼类的侧线或多或少特化呈棱状。

本科包括许多餐桌上的常见种，如蓝圆鲹*Decapterus maruadsi*、大甲鲹*Megalaspis cordyla*、黄尾鰤*Seriola lalandi*、竹荚鱼*Trachurus trachurus*等。

常见鲹科鱼类

a. 蓝圆鲹 *Decapterus maruadsi*；**b**. 黄尾鰤 *Seriola lalandi*；**c**. 大甲鲹 *Megalaspis cordyla*；**d**. 竹荚鱼 *Trachurus trachurus*

本科也有近年来出现在影视中的"明星"种。

珍鲹*Caranx ignobilis*，又名浪人鲹，大型鱼类，主要分布在印度洋-太平洋的热带水域，最大体长可达1.7 m，体重80 kg。成体珍鲹栖息于外海礁区，性凶残，能单独或成群捕食各种鱼类、甲壳类、头足类等，捕食方式灵活，善于跟踪海豹、大型鲨鱼等大型生物，抢夺猎物。在2017年拍摄的《蓝色星球Ⅱ》中，出现了一组珍鲹捕食海鸟的镜头，应该是继大白鲨之后鱼类捕食鸟类的新纪录，自然，珍鲹也成了2017年度的最佳鱼类明星。

六带鲹*Caranx sexfasciatus*主要分布于印度洋、太平洋，也是暖水性中上层大型鱼类，最大个体为1.2 m，重18 kg。幼时体侧常以5～6条暗色横带为标志。六带鲹是著名的游钓与潜水摄影鱼种，特别是近年在各地的水族馆及相关影视中屡屡露脸，知名度颇高。

"明星"鱼类

a. & **b**. 珍鲹 *Caranx ignobilis* 及捕食海鸟；**c**. & **d**. 六带鲹 *Caranx sexfasciatus* 及鱼群

石首鱼科Sciaenidaet种类大多为我国主要的经济种类，如大黄鱼、小黄鱼、鮸鱼、黄姑鱼、棘头梅童鱼以及叫姑鱼、银姑鱼等，它们的共同特征是耳囊中有一块很大的耳石，故有石首鱼类之称。

大黄鱼曾为我国四大海产之一，20世纪70年代以后，因捕捞过度、产卵场被破坏等原因，产量逐年下降，现已成稀缺种类。

此外，本科中有些鱼类极为名贵，如黄唇鱼，最大个体可达100 kg，平时极为罕见，在福建、广东一带偶有捕获，也称黄金鮸，其鳔的干制品，每市斤价曾高达400万元，可谓天价鱼，现为国家二级保护动物。相同大小的褐毛鲿，其鳔的干制品价格略逊，但也曾高达每市斤30万~40万元。

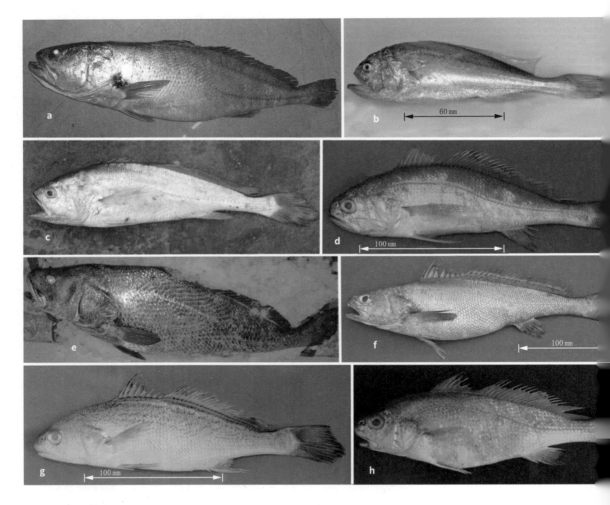

常见石首鱼科鱼类

a. 黄唇鱼 *Bahaba taipingensis*；**b**. 棘头梅童鱼 *Collichthys lucidus*；**c**. 大黄鱼 *Larimichthys crocea*；
d. 小黄鱼 *Larimichthys polyactis*；**e**. 褐毛鲿 *Megalonibea fusca*；**f**. 鮸鱼 *Miichthys miiuy*；
g. 黄姑鱼 *Nibea albiflora*；**h**. 银姑鱼 *Pennahia argentata*

鲷科Sparidae中的经济鱼类主要有黄鳍棘鲷（黄鳍鲷）、黑棘鲷（黑鲷）、真赤鲷（真鲷）、黄犁齿鲷(黄鲷)等，虽然产量不大，但都是沿海海钓及食用的名贵鱼类。

鲷科名贵鱼类

a. 黄鳍棘鲷 *Acanthopagrus latus*；**b**. 黑棘鲷 *Acanthopagrus schlegelii*；
c. 真赤鲷 *Pagrus major*；**d**. 黄犁齿鲷 *Evynnis tumifrons*

石鲈科Haemulidae的经济种类不多，常见的有纵带髭鲷、横带髭鲷、斜带髭鲷、三线矶鲈等，产量不高，但肉质鲜嫩，属名贵之列。

这些种类的背鳍、臀鳍及腹鳍通常都有粗长的棘，浙江沿海渔民习惯以棘的总数为分类依据，称横带髭鲷为"十六枚"、斜带髭鲷为"十八枚"。

石鲈科重要鱼类

a. 纵带髭鲷 *Hapalogenys kishinouyei*；**b**. 横带髭鲷 *Hapalogenys mucronatus*；
c. 斜带髭鲷 *Hapalogenys nigripinnis*；**d**. 三线矶鲈 *Parapristipoma trilineatum*

带鱼科Trichiuridae中的带鱼*Trichiurus lepturus*，也称白带鱼，是大家熟知的、最常见的经济鱼类。

鲭科Scombridae中的鱼类可分为类金枪鱼、金枪鱼、马鲛三类。

类金枪鱼类是指圆舵鲣*Auxis rochei*、扁舵鲣*Auxis thazard*、狐鲣*Sarda sarda*、鲔*Euthynnus affinis*、小鲔*Euthynnus alletteratus*、黑鲔、鲣*Katsuwonus pelamis*等鱼类，外形似金枪鱼，但非真正金枪鱼，俗称"炸弹鱼"。

类金枪鱼类（"炸弹鱼"）

a. 圆舵鲣 *Auxis rochei*；**b**. 扁舵鲣 *Auxis thazard*；**c**. 狐鲣 *Sarda sarda*；**d**. 鲔 *Euthynnus affinis*；

e. 小鲔 *Euthynnus alletteratus*；**f**. 鲣 *Katsuwonus pelamis*

金枪鱼类主要有长鳍金枪鱼*Thunnus alalunga*、黄鳍金枪鱼*Thunnus albacares*、蓝鳍金枪鱼*Thunnus maccoyii*、东方金枪鱼*Thunnus orientalis*、金枪鱼*Thunnus thynnus*、青干金枪鱼*Thunnus tonggol*以及大眼金枪鱼*Thunnus obesus*、黑鳍金枪鱼*Thunnus atlanticus*、剑鱼*Xiphias gladius*、平鳍旗鱼*Istiophorus platypterus*、蓝枪鱼*Makaira nigricans*等。

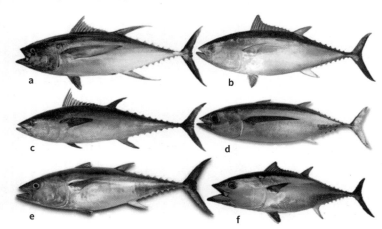

金枪鱼类

a. 黄鳍金枪鱼 *Thunnus albacares*；**b**. 蓝鳍金枪鱼 *Thunnus maccoyii*；**c**. 青干金枪鱼 *Thunnus tonggol*；

d. 长鳍金枪鱼 *Thunnus alalunga*；**e**. 金枪鱼 *Thunnus thynnus*；**f**. 东方金枪鱼 *Thunnus orientalis*

马鲛类，在我国北方习惯称为鲅鱼，主要有康氏马鲛Scomberomorus commerson、斑点马鲛Scomberomorus guttatus、朝鲜马鲛Scomberomorus koreanus和蓝点马鲛Scomberomorus niphonius等。

在青岛市崂山区沙子口一带，每年春季有一个特殊的"鲅鱼节"。是日，年轻的夫妇总会送几条鲜活的鲅鱼给岳父岳母，以此，行鲅鱼之礼，即送鲅鱼，尽孝道。

而在宁波的象山，则有另一种文化。马鲛鱼在当地俗称"川乌"，每年清明前，蓝点马鲛都会进入象山港内产卵，此时的马鲛鱼肉质最为鲜嫩，可谓鱼中极品，所以总有不少慕名而来的食客，云集象山，共品"川乌"。

马鲛鱼类

a. 蓝点马鲛 *Scomberomorus niphonius*；**b**. 朝鲜马鲛 *Scomberomorus koreanus*；**c**. 斑点马鲛 *Scomberomorus guttatus*

鲳鱼，在北方也称平鱼，是我国最常见的经济鱼类之一，隶属于鲳鱼科Stromateidae，主要有灰鲳*Pampus cinereus*和银鲳*Pampus argenteus*，以刺少、肉质肥厚、鲜嫩而著称。鲳鱼是鱼类中脾气最暴、最倔的，且"死呆"。

"死呆"的鲳鱼
a. 灰鲳 *Pampus cinereus*；**b**. 银鲳 *Pampus argenteus*

与鲳鱼的"死呆"相反，鲫鱼则智巧得多。鲫科Echeneidae的所有鱼类在背部都有一个"鞋底"状的吸盘，由原第一背鳍特化而成。鲫鱼会利用这个吸盘，吸附在鲨鱼、海龟、蝠鲼等大型生物身上，既能狐假虎威，保护自己，又不费吹灰之力周游海洋，成为名副其实的"免费的海底旅游家"。

"免费的海底旅游家"——鲫鱼

鱼类中也有"鱼大夫"，最有名的要数隆头鱼科Labridae中的裂唇鱼*Labroides dimidiatus*。

任何生物都有生老病死，鱼类也不例外，但鱼类的常见疾病通常是被寄生后造成的"皮肤病"、贪吃产生的"消化不良"以及"口腔病"等，这些常见病对于裂唇鱼来说那是"口到病除"。

有人观察发现，一条裂唇鱼在6小时内曾"诊治"一百多条病鱼，凭借它出色的"口艺"，穿梭于病鱼的口腔、鳃以及体表，细心地去除病鱼身上及口腔内的虫、蛆、蚤等寄生虫。

奇怪的是，一些貌似凶残的鱼类，如大型的石斑鱼、海鳝等，竟能乖乖地躺在裂唇鱼面前，张着大嘴，让其忙忙碌碌地在口腔中钻进钻出，还能时不时地加以各种动作配合，而在此过程中如果遇上不是"大夫"的鱼（即"鱼大夫"），还会顺便捞一口过过瘾。而在面对"鱼大夫"的天敌时，病鱼也会大方地让"鱼大夫"躲进其口腔中，有时还会挺身而出与"鱼大夫"的天敌搏斗。

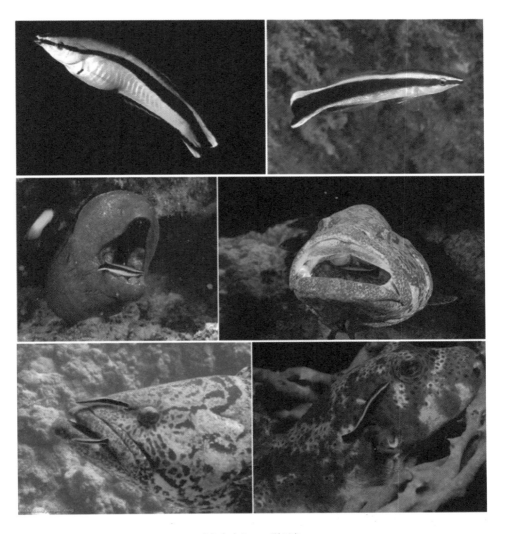

"鱼大夫"——裂唇鱼

鲽形目Pleuronectiformes鱼类是很奇特的一大类群，全球有14科，共787种，俗称比目鱼，其奇特之处表现在成鱼时两眼均位于体的一侧，或在左边，或在右边，由此也造成其身体的很多器官，如两侧鳞片、侧线、偶鳍及前部头骨、口不对称。

其实幼时的比目鱼与其他鱼类也没什么大的区别，两眼也是生在两边，在它们长到大约30 mm的时候，好像患了一场怪病似的，眼睛就开始"搬家"，从而与其生活方式适应。到底是先有"搬家"，最后不得不贴着地面生活，还是由于其生活方式，导致其两眼"搬家"呢，许多人一直在争论。

鲽形目大致分5类，1类是鳒，全球只有种，我国只产大口鳒1种，口裂特别大。其余4类可简单地划分成"左鲆右鲽""左舌右鳎"。凡两眼长在左边的，为鲆类或舌鳎类。鲆类具尾柄，即背鳍、臀鳍常与尾鳍不相连，如我们常见的牙鲆、大菱鲆等。舌鳎类无尾柄，俗称龙利鱼、"玉秃"。两眼长在右边的为鲽类或鳎类。鲽类也具尾柄，如高眼鲽、木叶鲽，俗称"提鸡眼"，而鳎类无尾柄，如带纹条鳎，俗称花舌鳎。

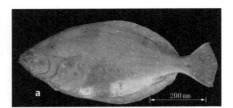

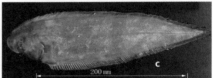

左鲆右鲽、左舌右鳎
a. 牙鲆 *Paralichthys olivaceus*；
b. 木叶鲽 *Pleuronichthys cornutus*；
c. 舌鳎 *Cynoglossus sp.*；**d**. 条鳎 *Zebrias zebra*

比目鱼生活方式及捕食动作

鲀形目 *Tetraodontiformes* 的种类有430 余种，其中最熟悉的可能是河鲀，以前也写作"河豚"，为区别海生哺乳动物，特改为"鲀"。除了河鲀，本目还有刺鲀、箱鲀及翻车鲀3类。

刺鲀类包括鳞鲀、三刺鲀、三齿鲀等，主要特征是背鳍具强棘，有时胸鳍也有强棘；箱鲀类的鳞片特化，类似于龟甲；翻车鲀缺少正常的尾鳍。河鲀类的牙齿愈合成上下两块骨板，或中间具缝，腹鳍缺失。

河鲀有剧毒，主要在内脏及血液，虽然一般人都知道，但每年也总有人因贪食而丧命。在2017年前国家一直禁止河鲀鱼上市销售。即使如此，河鲀的美味在历史上早有流传，如宋代苏轼在《惠崇春江晓景》中曾写道"竹外桃花三两枝，春江水暖鸭先知。蒌蒿满地芦芽短，正是河豚欲上时"，也有人说"不食河鲀焉知味，吃了河鲀百无味"，"拼死"吃河鲀在民间从未间断，而且属名贵鱼类。平常食用的河鲀鱼主要有东方鲀、兔头鲀等20多种，大多数生活于近海，仅少数在江河中生活。

经常食用的河鲀

a.黑鳃兔头鲀 *Lagocephalus inermis*；**b**.月兔头鲀 *Lagocephalus lunaris*；**c**.棕斑兔头鲀 *Lagocephalus spadiceus*；
d.红鳍东方鲀 *Takifugu rubripes*；**e**.黄鳍东方鲀 *Takifugu xanthopterus*；**f**.星点东方鲀 *Takifugu niphobles*

箱鲀由于鳞片特化，类似于龟甲，被称为鱼类中的藤甲兵。

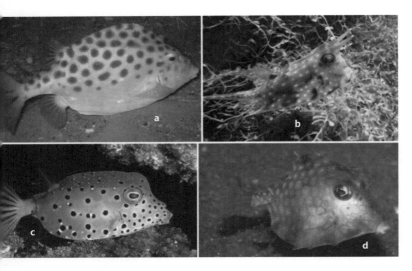

鱼类中的藤甲兵——箱鲀

a. 棘箱鲀 *Kentrocapros aculeatus*

b. 角箱鲀 *Lactoria cornuta*

c. 粒突箱鲀 *Ostracion cubicus*

d. 双峰真三棱箱鲀 *Tetrosomus concatenatus*

翻车鲀是鲀形目中的另类，体呈卵圆形或长圆形，高大而侧扁，背鳍与臀鳍高耸，但尾鳍好像齐刷刷地被切掉似的，只剩下弯弯的、狭带状的"舵鳍"，故俗称为月亮鱼、月亮鲨。

论个体，最大的翻车鲀*Mola Mola*体重可达2 300 kg，但没有游泳速度，且口也小，又缺乏尖牙利齿，如此推论，在弱肉强食的海洋生物中，其生存能力可想而知，可翻车鲀也有它自己的绝活——表现在"传宗接代"的能力超强。

一般的鱼类一次只产几十万到几百万颗卵，而翻车鲀一次竟能产3亿多颗卵，为名副其实的超生队员，如此下来，不说百分之一、千分之一，只要几百万分之一的生存概率，种族就能延续。如此本能，在鱼类中堪称一绝，故被人们戏称为"超生游击队"。反过来说，幸亏它生存能力差，不然几年后大海就成了翻车鲀的天下了。

各类翻车鲀

a. 拉氏翻车鲀 *Mola ramsayi*；**b**. 翻车鲀 *Mola mola*

c. 矛尾翻车鲀 *Masturus lanceolatus*；**d**. 长翻车鲀 *Ranzania truncatus*

肉鳍鱼纲 Sarcopterygii

本纲鱼类最早出现在泥盆纪，现生种类很少，与辐鳍鱼类的最主要区别是偶鳍基部有较发达的肌肉及粗壮的中轴骨骼，背鳍2个，偶鳍叶状，具有一分节的中轴骨，其两侧有羽状排列的支鳍骨，无椎体而具未骨化的弹性脊索。被圆鳞式硬鳞。其下有腔棘亚纲Sarcopterygii和肺鱼亚纲Dipnotetrapodomorpha，共4科8种，但仅矛尾鱼科Latimeriidae的2种分布于海洋。

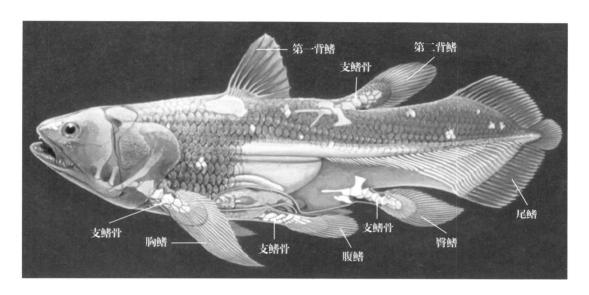

活化石矛尾鱼 *Latimeria chalumnae*

矛尾鱼*Latimeria chalumnae*被称为"活化石"。

1938年以前，人们一直认为，矛尾鱼在4亿年前曾生活在淡水中，但在7 000万年前的白垩纪已全部灭绝。

腔棘鱼类化石

1938年12月22日，时任南非罗兹大学解剖学教授助手的拉蒂迈，在南非东伦敦海岸的渔码头上，偶尔发现了一条与众不同的鱼，后经鉴定，确认是已"灭绝"的腔棘鱼——矛尾鱼。为了获得更多的标本及证据，学校、当地政府及渔民又经14年的苦苦寻觅，却最后一无所获。正当人们准备放弃时，在科摩罗群岛中的安朱安岛附近海域陆续发现了第二尾、第三尾……至今已发现了80余尾标本，最大体长2 m，重95 kg，而还拍摄到了矛尾鱼栖息与游动的完整视频。

　　为了纪念拉蒂迈的发现，矛尾鱼也称拉蒂迈鱼。

　　腔棘鱼生活在非洲东南部和印度尼西亚海域深处的暗礁和火山洞穴中。由于它们孤立的栖息地和小心的行为，人们很难发现它们，所以差一点把它们遗忘。

海底洞穴中的矛尾鱼 *Latimeria chalumnae*

13.3.3 海洋爬行类

海洋爬行类是指爬行纲动物中能适应海洋环境的特殊一类，主要有为数不多的海龟、海蛇、偶尔出现在河口的湾鳄*Crocodylus porosus*以及生活于加拉帕格斯群岛上的海鬣蜥*Amblyrhynchus cristatus*。

海龟与陆龟一样，体表也有坚硬的盾片，形似"马甲"。颈部较发达，可灵活转动和伸缩。但海龟的头部伸缩有限，不能全部缩到壳内。此外，为适应在海中的游泳生活，海龟的四肢演化成"浆"状，末端的五指（趾、爪）也基本退化。

海龟外形

海龟的种类不多，全球只有7种，其中蠵龟*Caretta caretta*、绿海龟*Chelonia mydas*、太平洋丽龟*Lepidochelys olivacea*、玳瑁*Eretmochelys imbricata*和棱皮龟*Dermochelys coriacea*等5种在我国沿海都有分布，现均为我国一级保护动物（2021年开始）。

棱皮龟，俗称七棱皮龟、舢板龟、革龟、燕子龟等，英文名为Leatherback turtle，隶属棱皮龟科Dermochelyidae。成体棱皮龟的背甲与其他海龟不同，最显眼的是有多条纵棱，故称棱皮龟。

在现存的龟类中，要数棱皮龟的个体最大。有文字记载其龟壳长可超过2.7 m，重达916 kg，平时常见个体背甲长一般为1.0～1.75 m。

棱皮龟平时生活于大洋，仅在繁殖时，才洄游至近岸，并在沿岸沙滩上挖穴产卵。理论上讲它全年都可能产卵，但以5～6月为主要繁殖季节。每次产卵数量不多，90～150枚，经过7到12周的孵化后，破壳而出变成稚龟。稚龟会先在沙地等待，当夜幕降临气温下降时，一起爬向大海，潜入海中。不过，在孵化、爬向大海的过程中，常成为众多鸟类的美食。有人做过粗略统计，只有千分之一的海龟能活到成年。

棱皮龟主要以腔肠动物、软体动物、棘皮动物、甲壳类以及鱼类、海藻等为食，正常情况下可活到50岁。

棱皮龟 *Dermochelys coriacea*

除了棱皮龟，其余海龟的背甲均不具有明显的"棱"，代之以大小不一的六角形甲片组成的图案，细数大致有13块，俗称"十三块六角"，但这些小甲片排列有两种情况，一种是平铺，另一种以鱼鳞状也称覆瓦状排列。在所有的海龟中也只有玳瑁 *Eretmochelys imbricata*，呈鱼鳞状排列。

玳瑁隶属海龟科Cheloniidae，俗称十三鳞，英文名Hawksbill turtle，背甲上各个小甲片呈覆瓦状（鱼鳞状）排列，手摸感觉特别明显，背甲的颜色也与其他海龟不同，背部棕红色，杂有浅黄色小花纹。

玳瑁主要分布于热带和亚热带海洋，在我国沿海也有出现，以南海居多。个体较小，成体体长0.5～0.6 m。以软体动物、海藻及鱼类等为食，每年2月下旬开始繁殖，其他习性与绿海龟等相似。

玳瑁 *Eretmochelys imbricata*

玳瑁的盾甲俗称壳，有很强的延展性，经加热后可用作各种饰品的原料，且不易蛀蚀，配上其特有的黄褐色，自古以来深得历代贵族或商贾富客之宠爱，被视为传世之宝，甚至是万寿无疆之象征。汉代的著名诗篇《孔雀东南飞》中就有"足下蹑丝履，头上玳瑁光"的诗句。

各种玳瑁饰品

除了棱皮龟和玳瑁，其余海龟背甲上的六角形甲片呈平铺状，没有鱼鳞状的起伏。

蠵龟*Caretta caretta*，也是海龟科Cheloniidae的种类，在西北太平洋最为常见，俗称赤蠵龟、红海龟、灵蠵、灵龟、太平洋蠵龟等，英文名为Loggerhead turtle。

蠵龟背甲上的甲片呈六角形，且平铺状，没有鱼鳞状的起伏，但与其他海龟最明显的区别是它的侧甲为5片，其中第一块最小。此外，前额鳞2对，"桥甲"有3块缘板，每块缘板均无孔，前肢外侧有2爪。背部为棕红色或红褐色，有不规则的土黄色或黑色斑纹。腹部呈黄色或柠檬黄色。

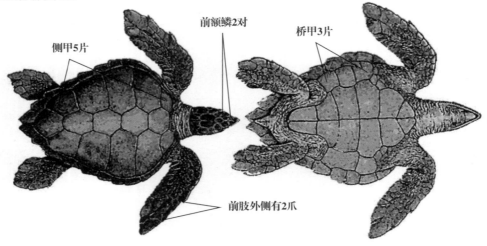

蠵龟 *Caretta caretta* 主要外形特征

蠵龟分布于太平洋、印度洋、大西洋等热带海域，在我国沿海常见。杂食性，常在珊瑚礁区或古沉船处啃食海藻，也摄食海绵、水母、甲壳类、头足类及双壳类等生物。成年体长74～92 cm，最长可达1.25 m，体重约200 kg。每年5～7月为繁殖季节。其主要产卵场为日本的冲绳、鹿儿岛等沿海沙滩。繁殖期间雌、雄龟在沿海岩礁附近交配，此后，雌龟晚间上岸在沙滩上挖坑并将卵产在其中，用沙覆盖后，离开产卵场所，回到岩礁间休息、觅食，15～20天后再上沙滩挖穴产卵一次。每次产卵130～150枚。卵为白色，球形，直径约40 mm。经45～60天自然孵化，稚龟破壳而出，随即迅速爬向大海。幼龟通常在12年以后才能达到性成熟。

蠵龟 *Caretta caretta*

绿海龟*Chelonia mydas*，俗称海龟，英文名为Green Turtle。外形与蠵龟相似，最主要特征是侧甲只有4片。此外，前额鳞1对，"桥甲"3～4片，前肢外侧仅1爪，眼大，眼径明显长于吻长。背部呈棕褐色或橄榄色，杂有黄白色放射纹，腹部为黄色。

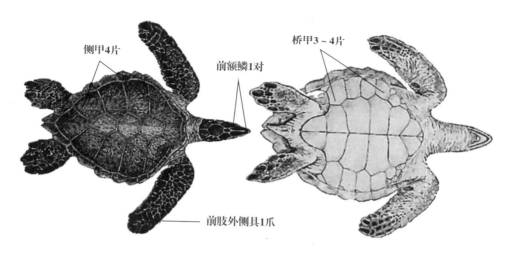

侧甲4片

前额鳞1对

桥甲3～4片

前肢外侧具1爪

绿海龟 *Chelonia mydas* 主要外形特征

绿海龟广泛分布于大西洋、太平洋和印度洋，在我国沿海常见，尤以南海居多，生活在0～200 m水层，通常以甲壳类、小型鱼类以及海藻、水母等为食。体长68 cm以上才达到性成熟。成体常见体长88～99 cm，最长记载为105 cm，最大体重可达1 400 kg（1990年世界粮农组织一份报告中引用的资料）。其他生活及繁殖习性与蠵龟类同。

绿海龟 *Chelonia mydas*

太平洋丽龟Lepidochelys olivacea，俗称丽海龟、丽龟等，英文名分别为Olive Ridley、Pacific Ridley。本种与其他海龟最明显的区别是侧甲有6～7片。体背呈深橄榄色，腹面呈黄白色。

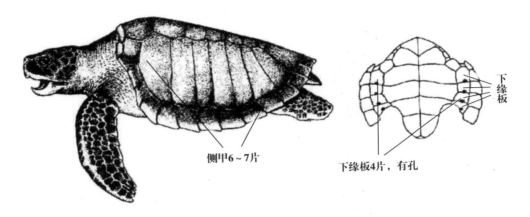

侧甲6～7片

下缘板

下缘板4片，有孔

太平洋丽龟 *Lepidochelys olivacea*

本种体型小，为海龟中最小的一种，体长0.6～0.7 m，体重约12～20 kg，最重记载为43.4 kg。以软体动物、海胆及小型鱼类及甲壳类为食，其他习性与绿海龟等相似。

太平洋丽龟分布于大西洋、太平洋和印度洋，在我国黄海、东海及南海也有分布，但不常见。

太平洋丽龟 *Lepidochelys olivacea*

肯普氏丽龟*Lepidochelys kempii*和平背龟*Natator depressa*只分布于国外，近年来国内许多水族馆也有引进饲养。

肯普氏丽龟也称肯氏龟，英文名为Kemps Ridley Turtle，隶属海龟科Cheloniidae，与太平洋丽龟为同属，主要分布于大西洋和地中海。其外形与蠵龟相似，背甲呈椭圆形，长与宽近相等；侧甲5片，前额鳞2对，但桥甲处有4块下缘板，每块都具有1孔。背部常呈浅的橄榄色。

肯普氏丽龟为一种小型海龟，分布于大西洋及地中海，体长在58 cm时才性成熟，重量为36～50 kg，最大体长为75 cm。

肯普氏丽龟 *Lepidochelys kempii*

平背龟*Natator depressa*，英文名为Flatback Turtle，隶属海龟科Cheloniidae，为澳大利亚特有品种。体近圆形，明显较其他海龟扁平，其余特征与绿海龟相近，背甲平铺，侧甲4片，前额鳞1对。眼径与吻长相等；眼下甲为3片。背甲呈橄榄绿或灰色，腹甲为奶油色，体长76～96 cm，体重70～90 kg。雌性个体略大于雄性，且尾长也比雄性长。

平背龟 *Natator depressa*

加拉帕戈斯海鬣蜥 *Amblyrhynchus cristatus*，英文名为Marine Iguana，隶属蜥蜴目Sauria，仅分布于加拉帕戈斯群岛的岩石海岸区域。

　　海鬣蜥是世界上唯一能适应海洋生活的大型蜥蜴，雄性平均体长可达0.75 m，重1.5 kg，最大个体可达1.5 m，重12 kg，雌性个体稍小。

　　海鬣蜥以当地潮间带的一些甲壳类动物、软体动物等为食，更多的是下海啃食岩礁上的海藻。本种在岸上动作看似笨拙，常会懒散地聚集在朝阳的岩坡上，但在水下，它们长长的尾巴左右摇晃，能快速地自由游弋。到了海底，又能依靠四肢，匍匐在岩礁上寻找合适的食物。每一次潜水可达半小时之久，下潜深度在15 m以内。一次潜水之后，迅即回到岩石滩上，匍匐在朝阳的岩坡上将身体晒热。有人专门进行观察，发现海鬣蜥的体温过低时，行动就会变得迟缓，或暴躁不安，或好斗、相互啄咬。

　　科教片《海洋》在国内上映后，海鬣蜥奇特的体型和古怪的习性随即成了各类视频中的明星。

加拉帕戈斯海鬣蜥 *Amblyrhynchus cristatus*

13.3.4　海洋鸟类

　　海洋鸟类，也称海洋性鸟类，是对生存环境、食物来源或多或少与海洋有关的鸟类的统称。据世界鸟类数据库（Avibase）2019年底统计，全球约10 000种鸟类，其中670余种鸟类的生活与海洋有关。2018年出版的《中国海洋与湿地鸟类》记述，我国已记录1 445种鸟类，其中有330余种与海洋与湿地生态系统有关，但由于鸟类活动空间的特殊性，其中全球"公认"属海洋鸟类的仅180余种。

海洋鸟类

　　按海洋鸟类的活动范围，习惯地分为候鸟和留鸟两类。所谓候鸟，是指随着季节变化，出于越冬或繁殖等原因，有长距离、沿着固定线路、周期性迁徙的鸟类；而留鸟则不同，它们终年生活在一个地区，没有季节性迁徙。

　　鸟类的主要特征是具有两足、恒温、卵生，身披羽毛，前肢演化成翅膀，善飞行，并有坚硬的喙。

　　海洋鸟类一般具有很强的飞翔能力，以此可主动迁徙来适应多变的环境条件，与此相适应的还有高而恒定的体温、发达的神经系统和感官，以及较完善的繁殖方式和行为，保证后代有较高的成活率。

　　鸟类之所以善于飞行，从外部形态来说，体呈流线型，可减小飞行阻力；体表被覆羽毛，足以保温；前肢变成翼，可扇动空气。从内部构造分析，鸟类的胸肌发达，占体重达1/5，而人类的胸肌只占体重的1/120，足以长时间搏击；鸟类的骨骼也轻，只占体重的5%～6%，而人类要占18%，加上鸟类还有一个发达的气囊，可以降低自身比重。

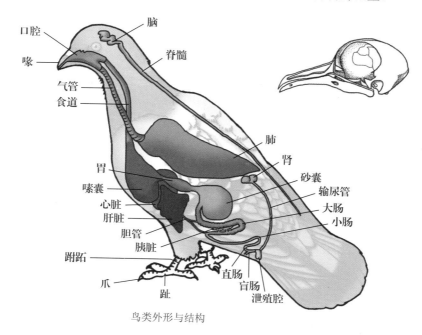

鸟类外形与结构

海洋鸟类共涉及13个目，其中主要有雁形目Anseriformes、鸻形目Charadriiformes、鹳形目Ciconiiformes、佛法僧目Coraciiformes、潜鸟目Gaviiformes、鹤形目Gruiformes、雀形目Passeriformes、鹈形目Pelecaniformes、红鹳目Phoenicopteriformes、䴙䴘目Podicipediformes、鹱形目Procellariiformes、企鹅目Sphenisciformes、鲣鸟目Suliformes、隼形目Falconiformes等。

■ 雁形目 Anseriformes

本目种类有近120种，主要是鸭、鸳鸯、雁及天鹅。

我们平时所说的大雁，是白额雁 *Anser albifrons*、灰雁 *Anser anser*、雁 *Anser brachyrhynchus*、雪雁 *Anser caerulescens*、鸿雁 *Anser cygnoid*、小白额雁 *Anser erythropus*、白雁 *Anser fabalis* 以及黑雁 *Anser indicus* 的统称，为一类大型候鸟，喙宽而厚，边缘有较钝的栉状突起，体羽大多为褐色、灰色或白色，雌雄羽色相似。常见的成雁体重为5～6 kg，最大的达12 kg。

大雁群居水边，往往千百成群。夜宿时，有雁在周围专司警戒，如果遇到袭击，就鸣叫报警。其栖息地以农田为主，主食嫩叶、细根、种子，间或啄食农田谷物。每年春分后飞回北方繁殖，寒露后飞往南方越冬。飞行时，常排成"一"字或"人"字形，行列整齐，人们称之为"雁阵"。

灰雁 *Anser anser*（雁形目Anseriformes）

天鹅是体形最大的游禽，全球共7种，如黑天鹅Cygnus atratus、小天鹅Cygnus columbianus、大天鹅Cygnus cygnus、黑颈天鹅Cygnus melancoryphus、疣鼻天鹅Cygnus olor等。

天鹅体形优美，颈长，体坚实，脚大，滑行或飞翔时神态优雅，迁徙时常在高空组成斜线或V字形队列。

大天鹅，俗称白鹅、大鹄，体长120～160 cm，翼展218～243 cm，体重8～12 kg。喙基有大片黄色，延至鼻孔以下。羽毛非常丰厚，御寒能力强，可在-36～-48℃的低温下露天过夜。小天鹅也称苔原天鹅，体长110～140 cm，体重4～7 kg，外形与大天鹅相似，但黄色带仅限于喙基的两侧。疣鼻天鹅俗称哑声天鹅，体长130～155 cm，常见体重7～10 kg，最重可达23 kg，是最重且能飞的鸟类。黑天鹅除腹部为灰白色，其余通体羽色漆黑，原产于澳洲，为世界著名观赏珍禽。黑颈天鹅是世界上感情最专一的动物之一，严格的一夫一妻制，且对后代关爱有加，喜欢托幼禽游弋。

天鹅（雁形目Anseriformes）

a. 大天鹅 *Cygnus cygnus*；**b**. 黑颈天鹅 *Cygnus melancoryphus*；**c**. 黑天鹅 *Cygnus atratus*；**d**. 小天鹅 *Cygnus columbianus*

■ 鸻形目 Charadriiformes

本目有海雀科Alcidae、鸥科Laridae、贼鸥科Stercorariidae及燕鸥科Sternidae等14科，约270种，以中小型候鸟居多，或擅长游泳、飞翔，或适应潜水，从两极到热带的世界各地水域都有它们的分布。

凤头海雀 *Aethia cristatella*

海雀科 Alcidae

1. 凤头海雀 *Aethia cristatella*

凤头海雀是一种小型海鸟，体长18~20 cm，重211~322 g，雌雄羽色相似，最明显的特征是它的喙上部有一撮装饰性的向前卷曲的羽冠。平时栖息于海洋上，只有繁殖时期才回到岸边的岛屿或陆地。善于游泳和潜水，一般能下潜10 m以上，以鱼类、甲壳动物和其他海生无脊椎动物为食。

2. 北极海鹦 *Fratercula arctica*

北极海鹦为中型海鸟，体长26~38 cm，翼展47~63 cm，体重约490 g，雌雄羽色相似。喙宽大，呈三角形，色鲜艳，带有灰蓝、黄和红三色，两颊灰白色。头顶、背部羽毛为黑色，脸颊、胸腹部为白色，脚呈橙红色。平时栖息于海洋上，只有繁殖时期才回到岸边的岛屿或陆地，将巢建在岛屿峭壁的石缝中或洞穴里。擅长潜水，堪称捕鱼能手，哺幼期雌雄会轮流"出海"，并将渔获物含在喙中（非吞下后再反刍）。

若论体色之艳丽，在所有海洋鸟类中要数北极海鹦。

北极海鹦 *Fratercula arctica*（鸻形目Charadriiformes）

3. 崖海鸦Uria aalge

崖海鸦为中型海鸟，体长38～46 cm，翼展61～73 cm，体重1 kg左右，雌、雄大小和体重相当。常见头部、背部和翅膀羽毛为黑色，腹部为白色。空中飞行速度较快，时速可达80 km，但不擅长敏捷地转身。能依靠翅膀在水面"游泳"，但更擅长潜水，潜水深度一般为30～60 m，最深纪录达180 m。

崖海鸦 *Uria aalge*

鸥科 Laridae

鸥科Laridae种类有60多种，其中海鸥*Larus canus*最为常见。在海边、渔港、渔场、过往船只周围，经常可见成群的海鸥或在海面漂浮，或低空飞翔，不时发出特有的叫声，有时还会突然俯冲，抢食刚收网的渔获物。

海鸥 *Larus canus*

贼鸥科 Stercorariidae

贼鸥科有7种，为大、中型体形彪悍的海鸟。如贼鸥 *Stercorarius parasiticus*，常在海面及岛间活动，本身不会潜水，也很少自行捕食，最多是捡拾渔船丢弃的小鱼和鱼内脏等，一旦食物不够，会依仗个体大、飞行速度快、喙坚硬，针对海鸭、海鸠、三指鸥、管鼻鹱等，进行"偷"与"劫"，甚至还会偷抢企鹅蛋，捕食幼小企鹅。

贼鸥 *Stercorarius parasiticus*

燕鸥科 Sternidae

燕鸥科约40余种，主要特征是尾巴分叉，与燕尾一般，属中小型海鸟，体型差异很大，最小者如白额燕鸥 *Sternula albifrons* 体长为20 cm左右，大者如大凤头燕鸥 *Sterna bergii* 体长在40 cm以上。多数燕鸥背部以蓝灰色为主，脸和体腹为白色，头顶有个黑色的"帽子"。

燕鸥也会在海面上捕食昆虫或鱼类，常栖于海面漂浮杂物上，晚上停栖船上或桅杆，仅在坏天气或繁殖季节才靠近海岸。其中北极燕鸥 *Sterna paradisaea*，堪称鸟类中的迁徙之王，在北极繁殖，到南极越冬，每年往返一次，飞行距离达4万多千米，也是地球上唯一一种永远生活在光明中的生物，被誉为白昼鸟。此外，北极燕鸥的生命力非常顽强，寿命很长，大部分可活上20年，一生当中可以飞100万千米以上。曾有报道，1970年，有人捉到了一只腿上套环的燕鸥，发现环是1936年套上去的，说明这只北极燕鸥至少已活了34年，也就是它的一生所飞行的路程超过了240万千米——足以往返月球5～6次。

极燕鸥 *Sterna paradisaea*

■ 鹳形目 Ciconiiformes

本目种类较少，常见的是白鹭属的一些种类，如大白鹭 *Egretta alba*、小白鹭 *Egretta garzetta* 及中白鹭 *Egretta intermedia* 等。

大白鹭、中白鹭、小白鹭和雪鹭体羽均为全白，习惯通称白鹭，属中型涉禽，其中以大白鹭体型为大，既无羽冠，也无胸饰羽。中白鹭体型中等，无羽冠但有胸饰羽，而小白鹭和雪鹭体型小，既有羽冠，还有胸饰羽。

白鹭体态轻盈修长，飞行、捕食时从容不迫，颇具悠然、高雅之气。2020年秋，我国部编语文五年级上册曾如此描述："那雪白的蓑毛，那全身的流线型结构，那铁色的长喙，那青色的脚，增之一分则嫌长，减之一分则嫌短，素之一忽则嫌白，黛之一忽则嫌黑。"历史上许多文人墨客都诗赞有加。"江南渌水多，顾影逗轻波。落日秦云里，山高奈若何。"（李嘉祐《白鹭》）；"白鹭儿，最高格。毛衣新成雪不敌，众禽喧呼独凝寂。孤眠芊芊草，久立潺潺石。前山正无云，飞去入遥碧。"（刘禹锡《白鹭儿》）；"雪衣雪发青玉嘴，群捕鱼儿溪影中。惊飞远映碧山去，一树梨花落晚风。"（杜牧《鹭鸶》）。

白鹭也是厦门市、济南市的市鸟。

白鹭 *Egretta*

■ 隼形目 Falconiformes

本目中最有名的是鹰科Accipitridae中的白尾海雕*Haliaeetus albicilla*、白头海雕*Haliaeetus leucocephalus*和白腹海雕*Haliaeetus leucogaster* 3种，为最凶猛的大型禽鸟。

海雕栖息于海岸、水边树上或岩石上，一般都在白天外出，在空中翱翔和滑翔搜寻猎物。主要以鱼类为食，在水面低空飞行，发现鱼后用利爪伸入水中抓捕。此外，也捕食鸟类和中小型哺乳动物，如各种野鸭、大雁、天鹅、雉鸡、鼠类、野兔、狍子等，也食动物尸体等腐肉。在冬季食物缺乏时，偶尔也攻击家禽和家畜，如猫、狗、羊等。

海雕何以能成为如此可怕的猛禽，得益于它的长翅、利爪、坚喙和极好的视力。成鸟海雕的体长一般在90 cm以下，而它的翅展超过2 m，借此，它的活动高度可达2 500～5 300 m，而且负重能力也很强；它的利爪在所有鸟类中称得上最为锋利，不用说鱼类，连一般的家禽、家畜瞬间可被"入肉三分"；它略带下弯的坚喙，可轻松撕裂任何毛皮；至于视力，那更不用多说，"鹰眼"大家都懂的。

海雕 *Haliaeetus*

■ 潜鸟目 Gaviiformes

本目种类少，仅黄嘴潜鸟*Gavia adamsii*、黑喉潜鸟*Gavia arctica*、北方大潜鸟*Gavia immer*、太平洋潜鸟*Gavia pacifica*以及红喉潜鸟*Gavia stellata* 5种。

潜鸟一般都在北半球的寒带繁殖，冬季则南迁至温带或亚热带越冬。我国辽东半岛，甚至东南沿海都有其过境记录。潜鸟属中小型候鸟，体长55～68cm，体重1.0～1.2kg，平时主要在淡水中栖息，偶在海中觅食。嘴直而尖，两翅短小，尾短，被复羽掩盖，脚在体的后部，擅长潜水，同时有高超的飞翔能力，但因短腿，在陆地上走路则很笨拙。繁殖期羽毛颜色艳丽，非繁殖期的羽毛颜色暗淡。

潜鸟

a. 黑喉潜鸟 *Gavia arctica*；**b**. 红喉潜鸟 *Gavia stellata*；
c. 黄嘴潜鸟 *Gavia adamsii*；**d**. 太平洋潜鸟 *Gavia pacifica*

■ 鲣鸟目 Suliformes

本目中的军舰鸟科Fregatidae、鹈鹕科Pelecanidae及鸬鹚科Phalacrocoracidae在海洋鸟类中名声很大。

军舰鸟科共有5种，为大型热带鸟类，体长为0.75～1.12m，雌性稍大。翅长而强，翅展达1.76～2.3m，体重在1.5kg左右。喙长而尖，端部弯成钩状，尾呈深叉状，脚短弱，几乎无蹼；喉部有喉囊，可暂存所捕之食物。求偶的雄鸟常将喉囊鼓起，并呈鲜红色，以此引诱雌鸟。

雄性丽色军舰鸟 *Fregata magnificens*

军舰鸟胸肌很发达，善于飞翔，素有鸟类中的"飞行冠军"之称。飞行时犹如闪电，最快时速可达418 km，飞行高度达1.2 km左右，还能在空中灵活翻转。观察发现，军舰鸟在12级的狂风中也能在空中安全飞行、降落。

军舰鸟平时也见于海面游弋，但不会潜水捕食，更多时候用钩状的喙在海面或海滩捕食。此外，军舰鸟还会利用其飞行速度、空中翻滚、俯冲以及"空中接物"等特技，抢夺其他海鸟到手的猎物，或与大型鱼类如鲯鳅鱼等配合追赶飞鱼，因此常被称为"强盗鸟"。

军舰鸟

a. 阿岛军舰鸟 *Fregata aquila*；**b**. 白斑军舰鸟 *Fregata ariel*；**c**. 黑腹军舰鸟 *Fregata minor*；

d. 白腹军舰鸟 *Fregata andrewsi*；**e**. 丽色军舰鸟 *Fregata magnificens*

部分热带鲣鸟

a. 粉粉嘴鲣鸟 *Papasula abbotti*；**b**. 黄脸鲣鸟 *Sula dactylatra*；**c**. 橙嘴蓝脸鲣鸟 *Sula granti*；
d. 褐鲣鸟 *Sula leucogaster*；**e**. 蓝脚鲣鸟 *Sula nebouxii*；**f**. 红脚鲣鸟 *Sula sula*

　　鲣鸟科Sulidae，全球记载有10种，为一类大型海鸟。有些分布在温带，如大西洋的北鲣鸟*Morus bassanus*（憨鲣鸟）、南非鲣鸟*Morus capensis*（开普鲣鸟）、澳新地区的澳洲鲣鸟*Morus serrator*和秘鲁寒流（洪堡寒流）周围的秘鲁鲣鸟*Sula variegata*，其余6种均分布在热带，如我国的南海诸岛。

　　鲣鸟外形与海鸥相近，体长为63～74 cm。大多体羽洁白，少数为黑色，头部和颈部有黄色的光泽，头顶上缀有少许红色。喙粗壮，长而尖，近似圆锥形，淡蓝色，基部为红色，上下缘均呈锯齿状。眼为黑色，眼周、脸部和喉部裸露无羽，喉囊为肉色或红色。翅狭窄，长而尖，呈楔形。脚为红色，蹼发达。与海鸥不同的是，鲣鸟在海上飞行时不会发出声响。

　　鲣鸟以鱼类为食，能飞、会游，且擅长潜水。在《蓝色星球》等海洋类题材的科教片中，常有它凌空俯冲入水，捕食沙丁鱼的场景。此外，鲣鸟"早出晚归"，白天在海上游弋、捕食，且凭借高空优势及犀利的双眼，能在第一时间发现鱼群，而晚上则回岛休息，这正好给早先的渔船作业提供了很多方便，类似于领航，故渔民亲切地称其为"领航鸟"。

鸬鹚科Phalacrocoracidae，全球记载32种，为一类中、大型水鸟，形体最小的是侏鸬鹚，体长45 cm，体重340 g，最大的弱翅鸬鹚，体长可达100 cm，体重5 kg。

　　鸬鹚的飞行能力通常不强，在陆地上行走也很笨拙，但擅长潜水。分布于加拉帕戈斯群岛的弱翅鸬鹚，最深可下潜70 m，为潜水能力最强的鸟类之一。

　　鸬鹚的喙长而强，锥状，先端具锐钩，下潜捕食时不失为一种锐利器。下喉有小囊，用于临时贮藏食物。翅短，脚后位，趾扁，后趾较长，有全蹼。

我国常见的鸬鹚

a. 黑颈鸬鹚 *Phalacrocorax niger*；**b**. 普通鸬鹚 *Phalacrocorax carbo*；**c**. 海鸬鹚 *Phalacrocorax pelagicus*；

d. 绿背鸬鹚 *Phalacrocorax capillatus*；**e**. 红脸鸬鹚 *Phalacrocorax urile*

鸬鹚为世界性分布种类，栖息于沿岸海滨、岛屿、河流、湖泊、池塘、水库、河口及其沼泽地带。我国分布有绿背鸬鹚 *Phalacrocorax capillatus*、普通鸬鹚 *Phalacrocorax carbo*、黑颈鸬鹚 *Phalacrocorax niger*、海鸬鹚 *Phalacrocorax pelagicus* 和红脸鸬鹚 *Phalacrocorax urile* 等5种，其中普通鸬鹚最为常见，平时多栖息于淡水水域，常被人驯化用以捕鱼，俗称"鱼鹰"。利用它捕鱼时要在其喉部系绳，免得它私自将渔获物吞入胃中。

鱼鹰捕鱼

■ 鹈形目 Pelecaniformes

本目主要分布于温热带水域，是热带海鸟的重要成员之一。最常见的是鹈鹕科Pelecanidae的种类。

鹈鹕俗称塘鹅，共7种，为大型水鸟。成鸟体长在150 cm左右，翅展最长可达3 m，借此它能以每小时40 km的速度进行长距离飞行。全身羽毛呈白色、桃红色或浅灰褐色，短而密。外形的奇特之处是它的喙很长，一般在30 cm以上，如此长喙在鸟类已属罕见，更奇特的在于与喙连着的喉部还有一个可以伸缩的大"口袋"，这个"口袋"专门放置它的渔获物，有时，里面的东西比它胃里的还要多，如果装满了，足足可以维持它一个星期的生活。

鹈鹕在野外常成群生活，每天除了游泳外，大部分时间都是在岸上晒太阳或耐心地梳洗羽毛，或成群捕食。凭借锐利的目光，它们能轻易地发现鱼群。捕食时，鹈鹕也讲究谋略，它们会排成直线或半圆形先行包抄，将鱼群赶向河岸浅水处，张开大嘴，凫水前进，连鱼带水收入囊中，再闭上嘴巴，收缩喉囊，把水挤出来，然后美餐一顿。

卷羽鹈鹕 *Pelecanus crispus*

鹈鹕广泛分布于亚洲、欧洲、非洲以及澳大利亚，主要栖息于湖泊、江河、沿海沼泽地带、荒芜的岛屿、泻湖等地，偶尔也光顾池塘和红树林，主食鱼类。

我国有记录的鹈鹕有3种，除了卷羽鹈鹕*Pelecanus crispus*，还有白鹈鹕和斑嘴鹈鹕，主要分布在新疆、福建一带，均为我国二级保护动物。

我国也有分布的鹈鹕
a. 白鹈鹕 *Pelecanus onocrotalus*；**b.** 斑嘴鹈鹕 *Pelecanus philippensis*

▌鹱形目 Procellariiformes

本目有鹱科Procellariidae、信天翁科Diomedeidae、海燕科Hydrobatidae及鹈燕科Pelecanoididae等4科，共128种，大多为大洋性鸟类，大部分时间在大洋上飞翔，只有在哺育时才上陆。因鼻孔呈管状，且背位，左右分离，也称管鼻类。除鹈燕科，其余3科我国也有分布。

鹱科Procellariidae的种类多为中型海鸟，有14属81种，是海鸟种类最多的一个科，从北极到南极都有分布，尤以南太平洋地区最多。一般体长50 cm，翼较长。常于大海低空逐浪飞行。以小鱼、乌贼和甲壳动物等无脊椎动物为食；有些种类常跟随船只捕食死鱼或被人抛弃的食物残渣。代表种有暴风鹱*Fulmarus glacialis*、巨鹱*Macronectes giganteus*、南极鹱*Thalassoica antarctica*、蓝鹱*Halobaena caerulea*等。

巨鹱体长可达90 cm，翼展超过200 cm，是鹱科中体型最大者，体有恶臭，营巢于南极圈和亚南极海域的岛屿，以各类活的和死的动物为食，并大量捕食多种群居海鸟的幼雏。

暴风鹱的个体比巨鹱小，体长45～48 cm，体重0.5～1.0 kg，外形和体色与海鸥相似，但鼻孔、喙及翅的长度差别很大，飞行动作也不同。暴风鹱通常白天黑夜毫不疲倦地在海洋上空飞翔，时而紧贴海面快速振翅飞翔，时而两翅不动，在汹涌的海浪上面低空滑翔，动作轻快而灵活。除繁殖期间入住悬崖石壁或洞穴外，其他时间从不上陆。

暴风鹱不潜水，只是将头浸入水中捕食表层小型鱼类、软体动物、甲壳类等，也食鲸、鱼类等腐肉、内脏。多分布于北半球中高纬度地区，喜集群，常成群觅食、休息和繁殖。

暴风鹱和巨鹱

a. 暴风鹱 *Fulmarus glacialis*；**b**. 巨鹱 *Macronectes giganteus*

除暴风鹱外，还有钩嘴圆尾鹱*Pseudob-ulweria rostrata*、白额圆尾鹱*Pterodroma hypoleuca*、纯褐鹱*Bulweria bulwerii*、白额鹱*Calonectris leucomelas*、曳尾鹱*Puffinus pacificus*、灰鹱*Puffinus griseus*、短尾鹱*Puffinus tenuirostris*等，我国也有分布。

信天翁科Diomedeidae有4属20种，均为大型海鸟。最明显的特征是翅特别长，如漂泊信天翁*Diomedea exulans*，平均翅展为3.1 m，曾有记录的最大翅展（也称翼展）达3.7 m，是当今地球上翼展最大的鸟类。而最小的信天翁翅展也在2 m以上。有人认为，庄子《逍遥游》中的"鲲鹏"，可能就是信天翁。李白更是夸张，"扶摇直上九万里"。事实上，驾驭着西风的漂泊信天翁最多每天也只能飞行900 km，一般时速85 km，估计这已经是鸟类的极限了。

此外，信天翁还是空中滑翔能手，它可以连续几小时不扇动翅膀，仅凭借气流的作用，一个劲地滑翔。传说信天翁对感情很专一，即使配偶死亡亦会独自守候。信天翁产卵时不筑巢，会将卵埋进沙砾，雄鸟和雌鸟一起守护。幼鸟出壳之后，雌雄信天翁仍将轮流看顾，直到幼鸟独立生活。

我国记录的只有短尾信天翁*Phoebastria albatrus*和黑脚信天翁*Phoebastria nigripes*两种。

信天翁

a. 漂泊信天翁 *Diomedea exulans*；**b**. 短尾信天翁 *Phoebastria albatrus*；

c. 黑脚信天翁 *Phoebastria nigripes*

我国常见的海燕
a. 白腰叉尾海燕 *Oceanodroma leucorhoa*；
b. 黄蹼洋海燕 *Oceanites oceanicus*

海燕科Hydrobatidae共23种，可谓是地球上最小的一类海鸟。体长为13～26 cm，翼展32～56 cm，重25～68 g。外形似燕，尾叉形。管状鼻孔在基部融合成一管，开口于喙峰正中央。喙细弱，尖端呈弯钩状，翼短而宽，脚细弱，具蹼，不适于陆上行走。飞羽暗色，体羽黑、灰或褐色，腹部为不同程度的白色，有些种类腰及尾上覆羽白色，雌雄鸟同色。

海燕为远洋性的鸟类，除北极地区外，其余海域均有分布，大多群居于偏远无人居住的岩崖岛屿。以水面小型鱼类、鱿鱼以及磷虾等为食，有些种类也有长途迁徙的习性。

海燕个体虽小，飞行速度并不亚于许多大型海鸟，特别是以不惧怕惊涛骇浪而著称。高尔基笔下的海燕，曾如是描述："在苍茫的大海上，狂风卷集着乌云。在乌云和大海之间，海燕像黑色的闪电，在高傲地飞翔。一会儿翅膀碰着波浪，一会儿箭一般地冲向乌云，它叫喊着，——就在这鸟儿勇敢的叫喊声里，乌云听出了欢乐。在这叫喊声里——充满着对暴风雨的渴望！在这叫喊声里，乌云听出愤怒的力量、热情的火焰和胜利的信心。"

本科种类在我国分布的有黄蹼洋海燕*Oceanites oceanicus*、白腰叉尾海燕*Oceanodroma leucorhoa*、烟黑叉尾海燕*Oceanodroma matsudairae*（日本叉尾海燕）和黑叉尾海燕*Oceanodroma monorhis* 4 种，见于黑龙江流域东部和东南沿海及邻近岛屿。

■ 企鹅目 Sphenisciformes

本目仅1科，共18种，为一类善于游泳而没有飞行能力的中、大型海鸟，全部分布在南半球，以南极大陆为中心，北至非洲南端、南美洲和大洋洲，栖息地为大陆沿岸和某些岛屿。

企鹅的前肢发育为鳍脚，适于划水。羽毛呈鳞片状，有防水功能，羽毛之下还有绒毛，加上厚厚的皮下脂肪，足以在严寒中保温。骨骼不能充气，显得沉重而适合潜水。跗跖后位，跗间具蹼，在陆地上行走时，躯体近于直立，左右摇摆，但游泳时，却动作矫捷，也能借助圆胖的肚子在冰面滑行。喙尖长而薄，前端稍弯曲，形成钩状，是捕捉鱼类等食物的利器。

帝企鹅 *Aptenodytes forsteri*，也称皇帝企鹅，是企鹅家族中个体最大者，体长可达120 cm，体重30～45 kg。其最明显的特征是眼睛旁及脖子处有亮黄色及亮橘色羽毛。

与其他鸟类不同，帝企鹅没有季节性迁徙，一辈子都生活在南极大陆，甚至还在酷寒的冬季产卵、孵蛋（南极冬天的平均气温是-60℃），为的是让小企鹅能够在夏季食物最充足的时候长大、下海觅食。

与我们的季节基本上相反，南极的冬季从5月开始，雌企鹅会费极大的体力，下一个约重500 g的大蛋。此后就离开"家庭"，赴200 km以外的海上觅食，以补充体力。接下来的护蛋、孵蛋就由雄企鹅负责。雄企鹅悉心孵蛋，整整两个月的孵蛋期间从不吃东西，因为稍一怠慢，蛋或幼体就会被冻僵。待两个月后雌企鹅从海上回来，雄企鹅就已经消瘦近一半。育雏暂由雌企鹅接替，而雄企鹅则去海上育肥。8月之后雌雄企鹅每两个星期轮流到海上觅食，直至小企鹅能独立生活。

孵蛋期间雄帝企鹅如何应对南极恶劣的天气？有它们的一个绝活——"挤"，通过挤来抱团取暖。有人做过统计，在暴风雪肆虐的时候，拥挤的密度最高可达每平方米10只企鹅。而且"挤"得很有章法，在内圈的企鹅会慢慢走到外圈，外圈的企鹅则走进去递补空缺，这样，在生命的极限之内，每只企鹅都能维持体温，避免冻死。

帝企鹅还是潜水能手，可以在水下630 m内的深海中觅食，而一般的企鹅深潜不超过200 m。

帝企鹅 *Aptenodytes forsteri*

帝企鹅与王企鹅的体色区别
a. 帝企鹅；**b**. 王企鹅

王企鹅*Aptenodytes patagonicus*，也称国王企鹅（King Penguin），个体较帝企鹅略小，一般体长80～90 cm，体重15～16 kg。外形也与帝企鹅相似，但颜色更为鲜艳，喙部也比帝企鹅长，耳斑有不同的色调及形状。主要分布于南非马尔维纳斯群岛、南乔治亚岛等亚极区和温带区。

王企鹅也是潜水高手，试验发现，它最大的深潜可达519 m，且能在水下待上18分钟。王企鹅每次产蛋一般为2枚。

阿德利企鹅*Pygoscelis adeliae*，是目前全球最常见的企鹅，现存种群数量最多。体高约70 cm，重4.4～5.4 kg，背部为黑色，体侧、眼圈为白色，头部蓝绿色，喙黑色，仔细观察，它的喙角还有细长的羽毛。分布于南极大陆，冬天一般在浮冰或冰山上活动，春天则返回陆地栖息。

阿德利企鹅潜水能力不强，有记录的水深为175 m，但游速快，时速可达15 km，并且跳高可达2 m，借此能每每逃脱海豹等的捕食。

阿德利企鹅 *Pygoscelis adeliae*

地球上最小的企鹅是小蓝企鹅*Eudyptula minor*。小蓝企鹅分布于在澳洲、新西兰一带，身高为40 cm左右，重约1 kg，与之适应的是小蓝企鹅的胆子也非常小，通常只在夜间活动。

小蓝企鹅俗称神仙企鹅、蓝企鹅等，披着蓝得发亮、美丽深蓝色羽毛"外套"。由于个体小，天敌也多，除了来自海上的海狮、海豹、海狗、大型齿鲸，还有巢穴附近虎视眈眈的老鼠、短尾鼬、黄鼠狼，以及来自空中的贼鸥。

小蓝企鹅 *Eudyptula minor*

企鹅是一种最古老的游禽，素有"海洋之舟"之美称。据各种考证，它们很可能在地球穿上"冰甲"之前，就已经在南极安家落户了。

企鹅能在-60℃的严寒中生活、繁殖。居于陆地，劳作于海上水下。它们都不会飞翔，即使在陆地上，看似身穿燕尾服的西方绅士，但行走起来极为笨拙，一摇一摆，甚至遇到危险，连跌带爬，狼狈不堪，只有在水里，才能显示出它潜、泳的本领。

1488年，当葡萄牙的一些水手在好望角第一次发现它时，还以为是一类不认识的肥胖的"鹅"。300多年后，人们才给它定名为企鹅。中国人为什么也接受"企鹅"这一名称呢？这里有个说法，据说是它们经常在岸边伸立远眺，好像在企望着什么，这个伫立的姿势，很像中国的"企"字。

不畏严寒、不惧艰辛，以及对"家"的忠诚、对后代的职责、对群体的呵护，这些企鹅"精神"不失为人类之楷模。

企鹅也是人们心目中的吉祥物、宠物，看看我们常用的QQ，为什么选用企鹅的卡通，也就能明白了。

世界企鹅

a. 凤头黄眉企鹅 *Eudyptes chrysocome*；**b**. 长眉企鹅 *Eudyptes chrysolophus*；**c**. 北跳岩企鹅 *Eudyptes moseleyi*；

d. 黄眉企鹅 *Eudyptes pachyrhynchus*；**e**. 斯岛黄眉企鹅 *Eudyptes robustus*；**f**. 白颊黄眉企鹅 *Eudyptes schlegeli*；

g. 翘眉企鹅 *Eudyptes sclateri*；**h**. 黄眼企鹅 *Megadyptes antipodes*；**i**. 南极企鹅 *Pygoscelis antarcticus*；

j. 白眉企鹅 *Pygoscelis papua*；**k**. 南非企鹅 *Spheniscus demersus*；**l**. 秘鲁企鹅 *Spheniscus humboldti*；

m. 南美企鹅 *Spheniscus magellanicus*；**n**. 加岛企鹅 *Spheniscus mendiculus*

13.3.5 海洋哺乳动物

海洋哺乳动物是哺乳纲动物中适于海栖环境的一大特殊类群，胎生哺乳、肺呼吸、恒体温、流线型且前肢特化为鳍状，包括鲸目Cetacea、海牛目Sirenia以及食肉目Carnivora的全部或部分种类。其中海牛目Sirenia、食肉目Carnivora种类习惯上也称海兽。

有些学者认为，这些动物的祖先都曾在陆地生活，后又返回海洋，属次生水生生物。

本纲动物绝大部分在《濒危野生动植物种国际贸易公约（CITES）》中均列为附录I或附录II种类，在《世界自然保护联盟（IUCN）》中也是濒危或极危物种，或列入我国保护动物名录。

■ 鲸目 Cetacea

本目种类体形似鱼，俗称鲸鱼，但皮肤裸露无鳞。前肢呈鳍状，背鳍有或无，后肢完全退化，左右扩展成水平状尾鳍。无耳郭，但听觉灵敏。眼小，无瞬膜，也无泪腺，视力较差，依靠"回声定位"寻找食物或躲避敌害。外鼻孔1～2个，位于头顶，俗称喷气孔。皮肤下有厚厚的脂肪，借此保温和减少身体比重，有利于游泳。用肺呼吸，左右肺各1叶，潜水过后，要在水面换气。胎生，水中哺乳。通常冬季从高纬度冷水区游向低纬度热水区产仔，夏季又由低纬度游回高纬度冷水区捕食。以甲壳类、鱼类、软体动物中的头足类等为食，有的种类也能捕食海豹、海狗等。自然环境下一般寿命达50～100岁。

本目种类全球已记载89种，根据齿或须的有无，分为齿鲸和须鲸两个亚目。顾名思义，须鲸有须无齿，而齿鲸则有齿无须。

须鲸亚目，通常以"须"——鲸须——滤食，也能大口吞食小型鱼类。种类不多，仅14种，均为大型个体。

小须鲸 *Balaenoptera acutorostrata*

小须鲸也称小鳁鲸、明克鲸、尖嘴鲸、缟鳁鲸等，英文名为Northern Minke Whale。最大体长为10.7 m（雌性），重14 t，是须鲸亚目中个体最小的一种。有北大西洋和北太平洋种群之分。生活水层为0～730 m，但也常见于近岸和内海，单独或2～3头群游，在索饵场有时也会形成大群。行动诡异，游泳速度极快，偶会浮窥或跃身击浪。潜水时间3～20 min不等。主食太平洋磷虾、糠虾等浮游性甲壳类，也食群游性鳀鱼、玉筋鱼、青鳞鱼等小型鱼类。

小须鲸的背鳍小，较高，位于体后部。背部呈黑色或暗灰色或棕色，腹部呈白、淡灰或淡棕色，尾叶腹面呈淡灰、蓝色或白色。头部后方有淡色的人字纹，充气时喉部褶沟会呈现红色调。鳍肢中央部分有1条宽约20～35 cm的白色横带(但栖息在南极海域的种群则无此白色横带)。

雄鲸体长6.8 m、雌鲸7.3 m时即性成熟。妊娠期约10个月，正常情况下雌鲸每年可产仔1次，每产1胎，偶有双胎。初生幼鲸体长2.4～2.8 m，哺乳期约半年，断乳时幼鲸体长约4.5 m。

小须鲸 *Balaenoptera acutorostrata*

蓝鲸 *Balaenoptera musculus*

蓝鲸，俗称剃刀鲸、白长须鲸，体修长。头也长，约占体长的四分之一，背面观呈U形，两侧喷气孔前端至吻端有一条明显的纵脊。上颌每侧具有众多须板，腹部自喉部起，有许多褶沟。背鳍小，呈三角形，位于体后四分之一处。鳍肢较长，尾叶宽大。体背呈蓝灰色，口部和须板为黑色，腹面稍淡。

蓝鲸，世界性分布，以南极海域数量为最多，主要生活于水温5～20℃的温带和寒带水域，我国曾见于黄海至台湾海域。

蓝鲸是现今地球上最大的动物，最长体长记载为33.58 m，重约170 t。有报道，它的舌头可重达2.7 t，而一个小小的心脏也重达180 kg，其动脉血管之粗竟然能放得下一个儿童。雄性交接器通常长达2.4～3.0 m。当它的口完全张开时，足可容纳90 t的食物和水。其食量也惊人，一头成年蓝鲸每天要消耗36 t磷虾。虽然是庞然大物，但它行动并不笨拙，可以8 km的时速在海上优雅巡游，最快时速可达30 km，还可深潜500 m。在海面换气时，喷出的水气高达9 m，俗称喷潮。

蓝鲸通常每三年繁殖一次，妊娠期在11～12个月，每胎一仔。初生幼鲸长达8 m，重2.7 t，前7个月里，每天要喝大约380 L母乳，可能是鲸乳营养特别丰富，幼鲸平均每天可增重90 kg。

蓝鲸虽然巨大，但不相称的是它的大脑却很小，约重6.92 kg，仅为它体重的0.007%。蓝鲸的天敌为大白鲨、虎鲸。

1930～1931年度，仅一年时间就约有3万头蓝鲸遭捕杀。虽然自1966年以后国际捕鲸委员会开始禁止捕杀蓝鲸，但现存蓝鲸已为数不多。

蓝鲸 *Balaenoptera musculus*

座头鲸 *Megaptera novaeangliae*

座头鲸，俗称大翅鲸，最明显的特征是鳍肢特别大，约为体长的三分之一，故名大翅鲸，而且鳍肢的前缘具有明显的不规则的锯齿状节瘤，分布于北太平洋、北大西洋及南半球。秋季游向热带的繁殖场，春季向极带或亚极带区域洄游，穿越大洋，到达两半球冰群边缘的索饵场。在我国黄海、东海、南海常有发现。

座头鲸最大体长为18 m，体重在35 t以上，这个体量也当属庞然大物之列，可它在大洋中却显得特别"轻盈"，常见它喜欢各种"表演"，不时地跃出水面，或侧身竖起一侧鳍肢，又突然落下，随着一声轰隆，激起惊涛大浪，由此表现它活跃的个性。也有人对此"活跃"有怀疑，认为可能是它"难受"或"痛苦"的一种表现，因为长年累月生活在水里，体表难免感染一些寄生虫，它只能通过如此"表演"，来摆脱寄生虫。

座头鲸的活跃，不仅在于"善舞"，还在于"能歌"。在洄游或繁殖期，座头鲸会不断发出低沉、浑厚的歌声，据传，曲调多达几十种，而且每年都有"创新"，因而被称为"海妖之歌"的"作者"。

座头鲸 *Megaptera novaeangliae*

布氏鲸 *Balaenoptera edeni*

布氏鲸,俗称鳀鲸、拟大须鲸、埃氏鳁鲸。体型修长,头部背面有3条隆起的脊。背鳍高,呈镰刀形,鳍肢窄而略尖。为大洋性种类,有较多的地方种群,其中西北太平洋种群的成体体长在15 m左右,体重20~25 t。

布氏鲸在我国南黄海、东海和南海出现的频率最高。大多是死亡后被潮水推至沿岸,或严重受伤后搁浅的。从尸体或受伤的情况分析,人为捕杀或渔网窒息的可能性较小,而受虎鲸撕咬或大型船舶撞击致死或致伤的可能性较大。

布氏鲸 *Balaenoptera edeni*

北露脊鲸 *Balaena mysticetus*

北露脊鲸,也称弓头鲸、北极鲸、格陵兰真鲸,英文名为Bowhead Whale,仅分布于北极周围的北冰洋。雄性最大体长为18 m,雌性20 m,体重估测为125 t左右。

本种有许多明显的特征,如体肥胖,最大体围(腋下周长)可达全长的68%,为现生所有鲸类之最;"头"特别大,占了体长的三分之一;上下颌呈弓形,且有点夸张;"深色的身体和白色的下巴",配上颀长的鲸须,而其鲸须之长,远超过蓝鲸,也是鲸类之最。

北露脊鲸是现今世界上的第二大动物,体长虽不及蓝鲸,但体重也属百吨级别,接近蓝鲸。如果从寿命、肥胖、须长以及破冰能力等方面比较,北露脊鲸则都超过蓝鲸。

据大量样本分析,很多北露脊鲸个体年龄在100岁以上。2007年在阿拉斯加捕获的一头弓头鲸,曾在它的鲸脂里发现过19世纪末使用的捕鲸叉。

北露脊鲸 *Balaena mysticetus*

抹香鲸 *Physeter macrocephalus*

抹香鲸俗称巨头鲸，英文名为Sperm Whale，在世界各大洋都有分布，隶属齿鲸亚目，也是齿鲸中的最大个体，雄性最大体长20 m，重达57 t，雌性稍小，10～15 m，最重24 t。

抹香鲸的头部很大，约占体长的近三分之一，外形像一只巨大的箱子，内藏特殊的油状蜡，据说这种鲸蜡器官是其"声呐"系统的一个部分。眼很小，不明显。喷水孔1个，位于头背部左前方，呈S形。狭长的口位于头部腹面，闭口时难得看到，下颌每侧有"竹笋"状齿20～28枚，

上颌齿退化不显露。背鳍很小，类似于一些瘤状隆起。

抹香鲸擅长潜水，最大深度可达1 000～1 800 m，因而就有更多机会捕食生活于深海的如大王乌贼等一些大型头足类和鱼类。

传说中抹香鲸常与大王乌贼搏杀，有点像武林高手之间的对决，"刀光剑影""你死我活"，但谁胜谁负，其实谁都没见过，只是一些猜想。这些猜想源于抹香鲸尸体上常有一些疑似大型头足类吸盘上的角质腕的抓痕，而在其胃内，也常发现许多未能消化的头足类肢体，以及不能消化的角质喙、角质吸盘等。

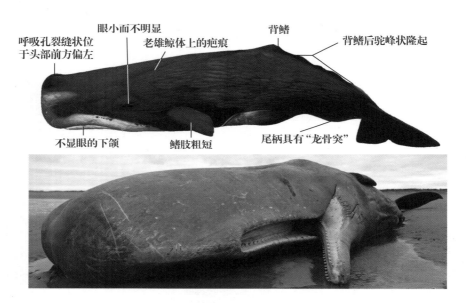

抹香鲸 *Physeter macrocephalus*

在抹香鲸的肠道内有一种软块状的黑色包囊，密度略小于水，初出时气味难闻，经阳光、空气和海水长年洗涤后，逐渐变硬、变色，并开始散发香气，这就是后来所说的"龙涎香"（Ambergris）。年久的龙涎香香气袭人，为一种稀有、上等的香料，可以入药。据说，龙涎香是由一些不易消化的头足类的角质喙、角质齿，残留并逐渐堆积在抹香鲸的肠内，后与分泌物凝结而成。

产自抹香鲸体内的"龙涎香"（Ambergris）

虎鲸 *Orcinus orca*

虎鲸俗称逆戟鲸、恶鲸、杀人鲸，英文名为Killer Whale。各大洋都有分布，我国沿岸也偶有出现。成体体长8~9 m，体重7~8 t，为齿鲸中的"二哥大"。

虎鲸食性很广，鱼类、头足类、海豚、海狗、海豹、海象等都在其食谱之中，且凶猛、贪食，有时还会使出各种"战术"，成群围剿领航鲸、灰鲸等中大型鲸类。

虎鲸 *Orcinus orca*

虎鲸天资聪颖，被饲养驯化后，能表演各种水上"绝活"。

短喙真海豚 *Delphinus delphis*

短喙真海豚俗称普通海豚、海豚、短吻型真海豚、真海豚，英文名为Common Dolphin，为一种小型齿鲸（俗称豚类），成体一般体长为1.7～2.4 m，重75 kg左右，最大体长（雄性）2.6 m，最重135 kg，雌性稍小。广泛分布于大西洋和太平洋温带、热带海域，亦有分布于印度洋，在我国各海区也均有发现，以群游性小型鱼类为食，常形成数十头至数百头的大群活动，动作敏捷，常跃出水面，能表演各种高难度的跳跃、翻转等，总喜欢蹦蹦跳跳，被称为最活跃的豚类。

短喙真海豚 *Delphinus delphis*

长江江豚 *Neophocaena asiaeorientalis*

长江江豚也称窄脊江豚，俗称江豚、江猪、海猪、海和尚、拜江猪等。

本种曾与江豚*Neophocaena phocaenoides*混为一种，后来有学者根据其分布的习性、骨骼以及一些形态上的细微差异，分为3个地理亚种。其中，分布于长江及长江口沿岸的种群称长江江豚*Neophocaena phocaenoides asiaeorientalis*；分布于南海及东南亚地区的种群称印太江豚*Neophocaena phocaenoides phocaenoides*，分布于我国黄海以及日本、韩国的沿海的种群称为东亚江豚*Neophocaena phocaenoides sunameri*。

近年来，南京师范大学、美国加州大学伯克利分校、华大基因等对"江豚"的基因再次"验明正身"后，确定将上述3个亚种升格为独立种，即台湾海峡以南海域包括印度洋的波斯湾沿岸的江豚为印太江豚Neophocaena phocaenoides（俗称宽脊江豚）；台湾海峡以北包括长江流域及沿岸的江豚称长江江豚Neophocaena asiaeorientalis（俗称窄脊江豚）；而我国黄海以及日本、韩国沿海的江豚称东亚江豚Neophocaena sunameri（俗称黄海江豚）。长江江豚为我国一级保护动物，其余江豚为我国二级保护动物。

长江江豚头部近圆形，额稍向前凸出，体中部粗壮。吻短而阔，无喙。齿短小，呈铲形，左右侧扁，眼小，无背鳍，背中部有一凹槽，鳍肢呈三角形，末端尖。全体蓝灰色或瓦灰色，腹部浅白色。长江江豚为一种小型豚类，成体长1.2～1.9 m，重100～220 kg，食性很广，主要以鱼类、甲壳类及头足类为食。喜欢在近岸浅海、咸淡水域，并常进入江河追逐鲻梭鱼类，常见于长江下游及出海口，多单独或2～3头一起，一般不密集成大群，但在繁殖期常集成几十头的集群。

长江江豚 *Neophocaena asiaeorientalis*

许多人常将长江江豚
*Neophocaena asiaeorientalis*与
白鱀豚*Lipotes vexillifer*、中华
白海豚*Sousa chinensis*混同。这
3种海豚在分类上分别隶属鼠
豚科Phocoenidae、白鱀豚科
Lipotidae和海豚科Delphini-
dae。白鱀豚仅分布于长江中
下游的干流，也见于洞庭、鄱
阳湖及钱塘江口一带，为我国
特有的淡水鲸类。中华白海豚
为海洋性豚类，国内仅出现在
东南沿海。长江江豚则分布于
两者之间。长江江豚没有背
鳍，也没有喙，容易辨认；中
华白海豚喙短，成体喙长20 cm
左右，背鳍后缘稍有凹入，眼
大；白鱀豚成体喙长可达
30 cm，且背鳍后缘斜直，眼特
别细小。

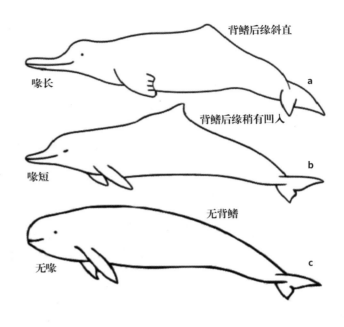

三种常见豚类的外形区别
a. 白鱀豚 *Lipotes vexillifer*；**b**. 中华白海豚 *Sousa chinensis*；
c. 长江江豚 *Neophocaena asiaeorientalis*

一角鲸 *Monodon monoceros*

也称独角鲸、角鲸，英文名为
Narwhal，主要分布在大西洋和北冰洋的
北极地区，尤以加拿大北部和格陵兰岛西
部的海湾为多见。属中型鲸鱼，其大小与
白鲸相同，成年雌性最大体长可达4.2 m，
雄性可达4.7 m（不包括长牙），重
1 600 kg。

大多数雄性独角鲸都长有1枚尖长的
"角"，故有一角鲸之称，这个角其实是
它的长牙，通过嘴唇从上颌的左侧伸出，
呈左螺旋形、中空，长度可达1.5～

3.1 m，重约10 kg，极少数雄性（约五百分
之一）长有2枚长牙。少数雌性也有长
牙，不过短得多，且螺旋纹不明显。

有关一角鲸长牙的作用，以前一直认
为是雄性之间"决斗"时的武器。近年研
究发现，长牙是一种神经支配的感觉器
官，有数百万个神经末梢，是外部海洋环
境与大脑之间的连接器，无人机跟踪监控
也发现，一角鲸可通过摩擦、击打长牙，
来传递、接收信息，也用于击打鳕鱼群，
起到恫吓作用。

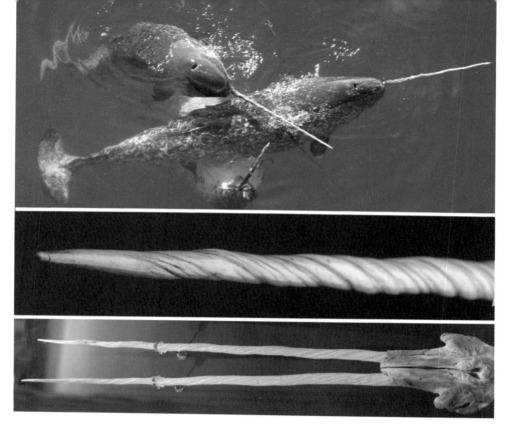

一角鲸 *Monodon monoceros* 及长牙

柏氏中喙鲸 *Mesoplodon densirostris*

柏氏中喙鲸属中大型齿鲸，雄性和雌性的平均体长为4.5～4.6 m，体重820～1 030 kg。区别于其他鲸类，它的头很小，喙也短，额部向后呈低平隆起，下颌骨后部则呈圆弧形弓起，成年雄性在弓起的前部长出1枚厚实侧扁的獠牙，并伸出到上颌顶面之上，俗称"角"。这个"角"自然也成为中喙鲸属的一个根本性标志，其大小、位置及形状又是鉴别各种中喙鲸的关键特征之一。

柏氏中喙鲸 *Mesoplodon densirostris*

■ 海牛目Sirenia

海牛目是海洋哺乳动物中最特殊的一群，所属各种均为植物食性，以海草及其他水生植物为食。现存种类很少，仅海牛科Trichechidae的3种海牛及儒艮科Dugongidae的儒艮，我国仅儒艮有分布。

儒艮*Dugong dugon*，俗称海牛，英文名为Dugong，成年体长可达3.3 m，体重400 kg以上，雌性个体稍小。身体圆胖，后部侧扁。头小，颈部不明显。体毛短而稀疏。吻前端截形，有一近似于口套状的吻盘，上有粗短刚毛。眼很小，无耳部，耳孔小。雄性有1对门齿外露，雌性齿不外露。无背鳍，鳍肢呈桨状，末端呈卵圆形，趾端无爪，与海牛的区别在于尾叶中央具凹刻。

儒艮 *Dugong dugon*

儒艮在很多场合也被戏说成"美人鱼"——头部和上身为女人、下身却长着鱼尾、生活于海洋中的某种动物。据传，在古代的亚述（Assyria，西亚底格里斯河流域的一个古国），美人鱼由"阿塔加提斯"女神变的，开始的"美人鱼"常与洪水、风暴、海难和溺水等事件相关，类似于"女巫"，后来慢慢演绎成具有灵性、善良的，或赐予恩惠，甚至爱上人类的水精灵。

为何将儒艮说成是美人鱼呢？据多数版本记载，与探险家克里斯托弗·哥伦布的航海有关。1493 年的某一天，在靠近当时多米尼加共和国的某一个海湾，一群水手远远地看到有 3 个正在给幼仔哺乳的动物，温馨之情、优雅之感，犹如画中的仙女，由衷引发了水手们的乡恋，认为这是他们所见到的最美的鱼。后来，当他们看到"庐山"真面貌——海牛——时，才大感失落，不得不在"美人鱼"的前面添上"非常丑陋"的字样，加以记载。

美人鱼进入艺术和文学的热门话题，可能始于安徒生著名的童话《美人鱼的故事》。

美人鱼是被世人所认可的一种概念或图腾，是大自然让我们心灵美化的一种恩赐。

■ 食肉目 Carnivora

本目种类包括海象科Odobenidae中的海象、海狮科Otariidae中的各种海狗及海狮、海豹科Phocidae中的各种海豹，以及鼬科Mustelidae中的海獭*Enhydra lutris*、犬科Canidae中的北极狐*Vulpes lagopus*、熊科Urisdae中的北极熊*Ursus maritimus*等，习惯上统称海兽。

熊科 Urisdae

北极熊*Ursus maritimus*也称白熊，英文名为Polar bear，分布于北极圈周围的陆地和海域，是现今体型最大的陆上食肉动物之一。雄性成年个体直立高可达2.8 m，肩高1.6 m，体重350～700 kg，熊掌宽达25 cm，长10 cm以上，雌性个体明显偏小，约为雄性的一半。

北极熊看似笨重，但若论奔跑，时速可达40 km，若是游泳，游速也可达每小时10 km，且一次能游上近百千米，这在北极地区，绝对称得上是运动健将。北极熊的嗅觉也极其灵敏，可以捕捉到方圆1 km或冰雪下1 m的气味，常对躲身在冰下洞穴中的幼海豹构成威胁。

北极熊为典型的食肉动物，主要以各类海豹，以及海象、白鲸、海鸟、鱼类、小型哺乳动物为食，饥饿时也对腐肉感兴趣。捕捉海豹时，最经典的是"守株待兔"：北极熊会静候在海豹的呼吸孔周边，哪怕是等上几个小时，待海豹一探头呼吸，突然袭击，并习惯用左膀尖利的爪钩将海豹从呼吸孔中拖出，故北极熊有"左撇子"之称。

在许多卡通片中，北极熊常以温顺、憨厚、可爱、忠诚出现，是人类的好伙伴，但其实它们极具进攻性，对人类也不例外。

北极熊 *Ursus maritimus*

鼬科 Mustelidae

海獭*Enhydra lutris*，英文名为Sea Otter，冷水性动物，分布于北太平洋，以阿留申群岛为最多，也见于阿拉斯加、堪察加、科曼多尔群岛周围。

海獭为海洋哺乳动物中个体最小的一种，体呈圆筒形，成体雄性体长约1.47m，最重记录为45kg，雌性稍小，最长体长1.39m，重33kg。尾部扁平，约占体长的四分之一。头小，耳郭小，吻端裸出，上唇有须，前肢短，后肢扁而宽，鳍状，趾间具蹼，体被刚毛和绒毛。

海獭很少在陆地或冰上觅食，大部分时间待在水里，包括繁殖、育雏，不是仰躺着浮在水面上，不停地梳理毛皮，就是潜入海床觅食。它的食性偏向于带有贝壳或甲壳的种类，如牡蛎、贻贝、鲍鱼、海胆、螃蟹等，这不仅是因为它有尖锐的牙齿，还在于它较其他哺乳动物更善于使用"工具"。平时，它会将一小块石头带在身上，取食时，先仰面，将石块平放在胸腹上作为砧板，然后用前肢抓住猎物使劲往石头上撞击，直到破碎，事后还会将石头藏在腋下，以备下次再用。

海獭的食量很大，通常一天要消耗其体重三分之一的海鲜，对其他动物，甚至对于人类来说，也是最大的食物竞争者。此外，海獭毛皮的密度特别大，适合制作名贵的大衣领、帽子等，不过价格极其昂贵。

海獭 *Enhydra lutris*

海象科 Odobenidae

海象*Odobenus rosmarus*分布于北大西洋、北太平洋的北极海域。雄兽体长3.3~4.5m，体重1 200~3 000 kg，雌兽较小，体长2.9~3.3 m，体重600~900 kg。因长有两枚"象牙"而得名，但与肥头大耳、长鼻子、四肢粗壮的陆地大象相比，体形又明显不同。头小、眼小，鼻子短，还缺乏外耳郭，皮厚而多皱，被稀疏的刚毛，外观十分丑陋。四肢呈鳍状，也称鳍脚，在冰上活动时非常笨拙，除了依靠后肢的朝前弯曲，还得以獠牙配合，尾巴很短，隐藏在臀部后面。

海象的牙齿多为臼齿，通常有24枚，因而它的食物偏向软体动物。无下门齿，显著的是上颌有一对白色的犬齿，终生都能生长，尖部从两边的嘴角伸出口外，形成獠牙。雄兽的长牙可达75~96 cm，重4.0~4.5 kg，雌兽獠牙稍短而细，长度一般不到50 cm。獠牙的功能除自卫、争斗外，还可掘取食物，在冰坡上爬行时可支撑身体以及开凿冰洞，便于呼吸。

海象属群栖性的动物，群内为严格的一夫多妻制，游居于冰冷的海水和陆地冰块之间，每群数量从几十到数百头，视雄性霸主的健壮程度而不等。

海象 *Odobenus rosmarus*

海象是一种大型哺乳动物，同时也是经济兽类。受利益的驱使，早在十八、十九世纪，临近北极海域的一些国家，都有专门的猎捕海象作业，以获取象牙、皮囊和脂肪等。海象牙用于制作工艺品，皮囊用于制革，脂肪炼用于制食用和工业用油，肉当然也是一种美食。由此而导致海象种群数量大幅度下降。

此外，有些国家的一些土著居民他们现在仍以猎杀海象等为生，场面可谓血腥。

海豹科 Phocidae

海豹科为三大海洋哺乳动物群之一。体粗圆，呈纺锤形，头近圆形，眼大而圆，无外耳郭。吻短而宽，四肢呈鳍状，前肢具5趾，趾间有蹼，爪锋利。后肢向后延伸，不能向前弯曲，尾短小而扁平。身被短毛，上唇触须长而粗硬，呈念珠状，毛色随年龄变化，通常幼兽色深，成兽色浅。

与海象一样，海豹也属群栖性的动物，群内为严格的一夫多妻制，每群数量从几十到数百头，视雄性霸主的年龄及健壮程度而不等。

许多人常将海豹与海狮、海狗混同，其实只要记住"无耳海豹"（Earless Seal）、"爬行海豹"（Crawling Seal）这两点，你就能轻松区分他们。"无耳"是指海豹无外耳郭，"爬行"是指海豹后肢不能前曲，在陆地上哪怕想移动一步也只能拖着后肢爬。

本科种类全球共发现18种，仅贝加尔海豹Pusa sibirica为淡水种。我国沿海经常出现的有斑海豹Phoca largha、环斑小头海豹Pusa hispida、髯海豹Erignathus barbatus等3种。

1. 西太平洋斑海豹 Phoca largha

西太平洋斑海豹俗称海狗、膃肭兽、普通海豹等，英文名为Spotted Seal。

成体被较稀疏绒毛，灰黄色或炭灰色，内具10~20 mm的暗色椭圆形点斑，全身点斑的颜色相当平均，有些个体的点斑围有浅色的环。初生仔兽体被白色绒毛，断奶后脱毛为成体颜色。雄兽体长最长可达2.14 m，重150 kg，雌兽稍小，通常为1.8 m，重120 kg。初生仔兽体长0.74~0.90 mm，重6~10 kg。性成熟年龄：雄兽3~4年，雌兽3~5年。以各种鱼类、乌贼、章鱼等头足类以及甲壳类等为食。

在我国北方分布的斑海豹，每年2月初在渤海北部的冰上产仔，每胎1仔。立春以后，初生幼体随亲兽乘浮冰顺北风南移，哺乳期约1个月，其间双亲都有护幼习性。小海豹生长很快，2月中、下旬有的可达32 kg，约17天后开始脱毛。

本种主要分布于北冰洋的楚科奇海及北太平洋的白令海、鄂霍次克海、日本海。在我国主要分布于渤海和黄海，向南到浙江沿海也偶有发现。

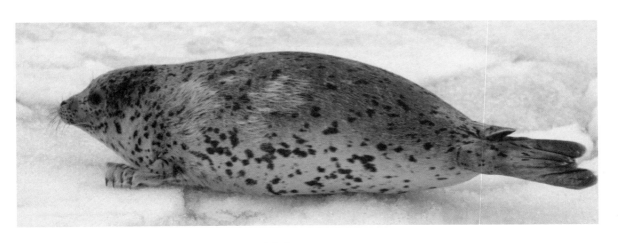

斑海豹 *Phoca largha*

2. 环斑小头海豹 *Pusa hispida*

环斑小头海豹俗称北欧海豹、环海豹、圈海豹、环斑海豹等，英文名为Ringed Seal。

本种海豹体毛粗硬，仅冬季体毛中有很多绒毛。身体的背部为深棕灰色，体侧及背部具有不太清晰的漆黑色或炭灰色斑纹，斑纹的大小和形状都不规则，在斑纹的周围还镶有白色的边。腹面近似白色，一般没有或极少有斑纹。

成体体长1.21～1.35 m，体重约90 kg，为海豹家属中体形最小的一种。雌兽于春季在冰上产仔，妊娠期约11个月，初生幼仔体长0.65 m，重约4.5 kg，体毛为白色，1～2周后逐渐改变，哺乳期2个月，6～7龄达性成熟。以小型鱼类、大洋性端足类、磷虾及其他甲壳类为食。

本种海豹分布于整个北冰洋、鄂霍次克海、白令海、波罗的海、拉多加湖、赛马湖等水域中，在我国曾见于江苏赣榆附近海域。

环斑小头海豹 *Pusa hispida*

3. 髯海豹*Erignathus barbatus*

俗称髭海豹、须海豹、胡子海豹，英文名为Bearded Seal。

本种体毛不具显著的点斑、环斑、块斑、带斑或条纹，体色以背部中线附近的颜色最深，向腹面逐渐变淡，头部的颜色略深。雌兽有时有不明显的斑纹。初生仔兽被灰褐色胎毛。

成体体长2.2～2.5 m，体重235～361 kg。每年5～7月交配，妊娠期约11个月，每年3～5月在冰上产仔，每胎1仔，初生幼兽体长约1.2 m，重约14 kg，毛皮为瓦灰色、灰褐色，约2周后生出棕灰色的刚毛。主要以底栖性的虾、蟹、双壳类、头足类以及海参、鲆、鲽等鱼类为食。

本种在洄游时大多分散活动，一般不集成大群，夏季喜欢聚集在河口附近。雄兽警惕性很强，在冰上活动时，略感到一点危险，即会迅速逃入水中。

本种海豹分布于北冰洋、北大西洋、北太平洋等寒带海域，包括白令海、阿拉斯加、阿留申群岛、格陵兰、纽芬兰、库页岛等地，洄游时偶尔进入我国东海及南海海域。

髯海豹 *Erignathus barbatus*

海狮科Otariidae

海狮科包括各种海狗及海狮，共7属14种，其中海狗2属7种，我国沿海经常出现的仅有北海狗*Callorhinus ursinus*、北海狮*Eumetopias jubatus*两种。

海狮科种类的外形、生活及繁殖习性与海豹很相似，两者之间最明显的区别是海狮科的种类具"小耳朵"，且后肢可以向前弯曲，海狗在体毛内还有绒毛层。

海狮是一类聪明的动物，具有较高的智商，经过训练，可以表演算数、顶球等，现已成为各大水族馆的表演明星。有些海狮加以特别训练，可以深潜海底，帮助打捞人类沉入海中的贵重物件或从事海底救生工作。

1. 北海狗*Callorhinus ursinus*

北海狗俗称腽肭兽、北海熊、海狗等，英文名为Northern Fur Seal。体呈纺锤形，吻很短且下曲。头圆，眼较大，四肢短，呈鳍状。前肢毛止于腕部，掌部的顶面完全裸露，第1指短于第2指。后肢可向前弯曲，各趾几乎等长。尾极小。

体被针状粗毛和绒毛，针状粗毛长，外观呈厚毛状，绒毛短而致密，但四肢腕部以下无毛。体色随年龄而异，成兽的背部呈深棕灰色或黑棕色，腹面稍淡。刚出生的幼海狗体呈黑色，约一岁蜕毛后换为黑棕色，两年后变为成兽的体色。

雄性成兽体长2.0～2.5 m，体重180～300 kg，雌兽体长为1.45 m左右，重约63 kg。每年夏秋季，分居于各地的北海狗会聚集于白令海中的各个岛，集中繁殖，不但一雄多雌，且在争夺雌性时还偶有争斗场面出现。食性很广，主食头足类、鱼类、甲壳类，偶也捕食鸟类。通常4年达性成熟，一般寿命为16年，最长不超过25年。

北海狗分布于北太平洋的白令海、鄂霍次克海以及科曼多尔千岛、阿留申群岛等地的沿岸及岛屿，我国山东即墨、江苏如东和广东阳江、台湾高雄等海域也曾有发现。

北海狗　*Callorhinus ursinus*

2. 北海狮 *Eumetopias jubatus*

北海狮俗称北太平洋海狮、斯氏海狮、海驴、海狗，英文名为Steller's Sea Lion。外形与北海狗相似，体仅被粗毛，无绒毛，雄性成体颈部周围及肩部有长而粗的鬃状长毛。体呈黄褐色，胸至腹部色深，雌兽一般略淡，幼兽呈黑棕色。

本种为海狮科中最大的一种，有"海狮王"之称，雄性体长可达3.1 m，体重1 000 kg以上，雌性最长体长仅为2.5 m，重约300 kg。栖居及繁殖习性与北海狗相近，平时以分散活动为主，在繁殖时有众多的聚群现象，且也是一雄多雌，一胎一仔。初生幼体体长1 m左右，重约20 kg。雄性5龄、雌性3龄即可性成熟，繁殖场位于白令海的普利比洛夫群岛、康曼多群岛、阿留申群岛、阿拉斯加湾、堪察加沿岸等岛屿上。

北海狮天性谨慎，且群体行动较一致，一旦察知有危险时会迅速远离。食性很广，平时嗜食各种鱼类和乌贼，且胃口极大。

从加利福尼亚南部至日本环北太平洋都有分布。我国沿岸也偶有发现，1966年4月在江苏吕泗渔港曾捕获一头雄性个体，重575 kg。

北海狮 *Eumetopias jubatus*

参考文献：

[1] 王乃文，何希贤，卢顺国.东海陆架新生代古生物群[M].北京：地质出版社，1989.

[2] 杜晓蕾，刘东生，龙海燕.有孔虫对海洋环境污染的生态指示意义[J].海洋地质前沿，2011，27（3）：35-41.

[3] 周开胜，孟翊，刘苍字，等.长江口北支有孔虫组合及其环境意义[J].沉积学报，2009，27（3）：334-342.

[4] 张劲硕，张帆.动物多样性[M].南京：江苏凤凰科学技术出版社，2014.

[5] 黄晖，杨剑辉，董志军.南沙群岛渚碧礁珊瑚礁生物图册[M].北京：海洋出版社，2013.

[6] 张士璀，何建国，孙世春.海洋生物学[M].青岛：中国海洋大学出版社，2018.

[7] 张素萍.中国海洋贝类图鉴[M].北京：海洋出版社，2008.

[8] 黄宗国.中国海洋生物种类与分布[M].北京：海洋出版社，2008.

[9] 刘瑞玉.中国海洋生物种类与名录[M].北京：科学出版社，2008.

[10] 赵盛龙.舟山群岛·海洋生物[M].杭州：浙江科技出版社，2009.

[11] 蔡如星，黄惟灏.浙江动物志软体动物[M].杭州：浙江科技出版社，1991.

[12] 成庆泰，郑葆珊.中国鱼类系统检索[M].北京：科学出版社，1987.

[13] 董聿茂，胡荚英.浙江海产蟹类[J].动物学杂志，1978(2)：8-11.

[14] 黄宗国，林茂.中国海洋生物图集（第五册）[M].北京：海洋出版社，2012.

[15] 黄宗国，林茂.中国海洋生物图集（第六册）[M].北京：海洋出版社，2012.

[16] 孟庆闻，苏锦祥，缪学祖.鱼类分类学[M].北京：农业出版社，1995.

[17] 沈家瑞，刘瑞玉，我国的虾蟹[M].北京：科学出版社，1976.

[18] 郑小东，曲学存，曾晓起.水生贝类图谱[M].青岛：青岛出版社，2013.

[19] 赵欣如，赵碧清，鸟类图鉴[M].青岛：青岛出版社，2019.

[20] 陈新军，刘必林，王尧根.世界头足类[M].北京：海洋出版社，2009.

[21] 赵盛龙.东海区珍稀水生动物图鉴[M].上海：同济大学出版社，2009.

[22] 冯淑仙，赵盛龙.海鲜养生（上）[M].杭州：浙江科技出版社，2014.

[23] 冯淑仙，赵盛龙.海鲜养生（中）[M].杭州：浙江科技出版社，2014.

[24] 冯淑仙，赵盛龙.海鲜养生（下）[M].杭州：浙江科技出版社，2014.

[25] 赵盛龙，徐汉祥，钟俊生，等.浙江海洋鱼类志(上)[M].杭州：浙江科技出版社，2017.

[26] 赵盛龙，徐汉祥，钟俊生，等.浙江海洋鱼类志(下)[M].杭州：浙江科技出版社，2017.

[27] 周开亚.中国动物志：兽纲（第9卷）（鲸目、食肉目、海豹总科、海牛科）[M].北京：科技出版社，2004.

[28] 陈义.无脊椎动物生活趣闻[M].南京：江苏科学技术出版社，1981.

[29] 齐钟彦，马绣同，楼子康，等.中国动物图谱软体动物（第二册）[M].北京：科学出版社，1983.

[30] 中国科学院中国动物志编辑委员会.中国动物志：爬行纲（第1卷）（总论 龟鳖目 鳄形目）.北京：科学出版社，1998.